KB058624

오늘 나에게 가방을 선물합니다

오늘 나에게 가방을 선물합니다

철학이 있는 명품 구매 가이드

율럽 (김율희) 지음

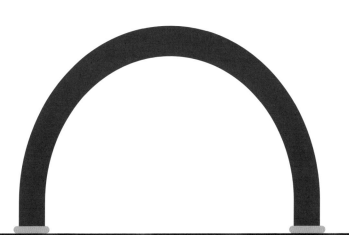

LUXURY BAG

한 번 사서 오래 쓸 가방, 아무거나 살 수 없잖아요
명품백 1,000개 사본 후 알려주는 후회 없이 고르는 법

명품백 1,000개 사보니
이제 좀 알 것 같습니다

여러분은 '명품백' 하면 무엇이 떠오르나요? 누군가에게는 소중한 선물 혹은 잊지 못할 기억, 또 어떠한 이에게는 그저 값비싼 사치품으로 느껴지기도 할 것입니다. 요즘 명품에 대한 관심이 많아지면서 명품 소비 관련 뉴스를 자주 접할 수 있습니다. 뉴스를 보며 저의 첫 명품백이 떠오르더군요. 우연히 들른 해외 아웃렛에서 가장 많이 들어본 브랜드인 프라다에 들어갔고, 그저 눈에 가장 예뻐 보이던 이름도 모르는 가방을 구매했던 날.

'만약 그때로 돌아간다면 같은 가방을 살까?' 하는 질문부터 시작해서 다양한 생각이 꼬리에 꼬리를 물었습니다. 솔직히 말하자면 그때 아무것도 모르고 샀던 가방은 지금 단 한 번도 메지 않는 일명 '장롱템'이 되었어요.

이후 명품 가방을 구독해 월정액으로 이용하는 온라인 서비스 '에이블랑'을 오픈하며 무척 다양한 명품백을 구매하게 되었습니다. 점점 각 브랜드의 명확한 아이덴티티와 역사 속 숨은 이야기, 그리고 늘 새로운 신상들 속에서 굳건히 자리를 지키는 스테디셀러가 무엇인지 알게 되었어요. 내가 만약 가방을 딱 하나만 산다면 어떤 것을 사야 할지 고민해보기도 하면서 필요와 욕구에 따른 가방의 역할을 생각하게 되더라고요.

유튜브 '율럽' 채널에서 '합리적인 소비를 위한 중요 포인트'나 '다시 돌아간다면 하지 않을 실수들' 등 다른 사람들이 미리 알고 구매하면 좋을 정보들을 나누게 된 이유도 이 때문이었어요. 명품 가방 구매를 고민 중인 많은 사람들의 후회 없는, 가치 있는 소비에 조금이나마 도움이 되고 싶었습니다. 실제로 3년 전부터 지금까지 유튜브 구독자에게 가장 많이 받는 질문이 "어떤 가방을 사야 잘 들고 다닐 수 있을까요?"이기도 합니다.

우아하고 현명하게 나의 취향을 알아가는 법

요즘 명품 가방은 많은 사람이 하나씩은 다 가지고 있다고 할 만큼 소비층의 범위가 넓어졌고, 구매 연령 또한 낮아졌습니다. 그렇지만 여전히 쉽게 사기에는 가격도 비싸고 그리 간단하지 않은 물건입니다. 그래서 더더욱 사기 전에 무엇을 사야 할지 꼼꼼한 비교와 고민이 필요합니다.

처음 명품 가방을 사는 사람은 다른 사람이 많이 사거나, 누군가가 착용해서 예뻐 보인 가방 등을 큰 고민 없이 사는 경우가 생각보다 많아요. 하지만 자주 쉽게 살 수 있는 물건이 아닌 만큼, 누구나 사는 그런 가방이 아니라 내가 정말 잘 활용할 수 있는 가방을 구매해야 합니다. 다시 말해 '나' 자신이 기준이 되는 소비가 필요합니다.

그러기 위해서는 다양한 가방을 아는 것이 가장 중요한데요. 여기서 안다는 것은 디자인만 보고 예쁘다고 느끼는 데서 그치는 것이 아니라 어떤 형태로 활용할 수 있는지, 내구성은 어떤지, 유행을 타는지 등의 정보를 모두 포함합니다. 더 나아가 브랜드에 대한 지식 또는 가방의 기본적인 소재나 형태 등을 알면 훨씬 더 현명한 구매를 할 수 있겠죠?

이 책에서는 제가 명품 가방을 1,000개 이상 구매하고 직접 사용하고 비교해보며 느낀 장단점들을 생생하고 솔직하게 이야기하려고 했습니다. 상황별로 11가지 카테고리로 나누어 각각의 가방에 대한 수납력, 무게, 관리, 착용 팁 등을 꼼꼼하게 분석했습니다. 또한 브랜드에 대한 상식과 가방에 대한 기본 지식뿐만 아니라, 명품 가방을 사기 전에 꼭 봐야 할 시대별 트렌드나 브랜드별 역사, 디자인 안에 담겨있는 의미 등 알면 알수록 흥미로운 이야기들을 함께 담았습니다. 실제 명품 가방 구매를 고민하고 있는 사람이라면 궁금증을 콕 집어 해결할 수 있을 것입니다.

그동안 축적한 모든 후기와 노하우를 집약해 구체적으로 담은 만큼 보다 많은 사람들이 편하고 손쉽게 다양한 가방에 대해, 또 나의 취향에 대해 알아갈 수 있다면 보람찰 것입니다. 이 책을 읽는 모든 분들이 새로움과 유익함, 그리고 즐거움을 느낄 수 있다면 좋겠습니다.

2년 전, 처음 책 집필을 제안받았을 때의 설렘과 두근거림을 아직도 잊을 수 없습니다. 이러한 설렘이 현실이 될 수 있도록 옆에서 도와준 21세기북스 출판사에 감사의 말을 전하고 싶습니다. 무엇보다 매번 큰 힘이 되어주는 유튜브 '율럽' 채널 구독자 분들에게도 늘 감사하다는 말을 전합니다. 앞으로도 가치 있는 소비를 위해 고민 중인 많은 사람들에게 도움이 될 수 있는 유익한 내용들로 오랫동안 여러분과 함께하고 싶습니다.

'율럽' 김율희

contents

PART 1.
명품백 구매 전 알아야 할 것들

PART 2.
무엇을 살지 모르는 당신을 위한 명품백 베스트 55

DAILY BAG : 매일 들기 좋은 가방

POINT BAG : 특별한 날을 위한 가방

STEADY BAG : 대대손손 스테디 백

SPECIAL BAG : 취향 만족 가방

PART 3.
실전! 명품백 구매 가이드

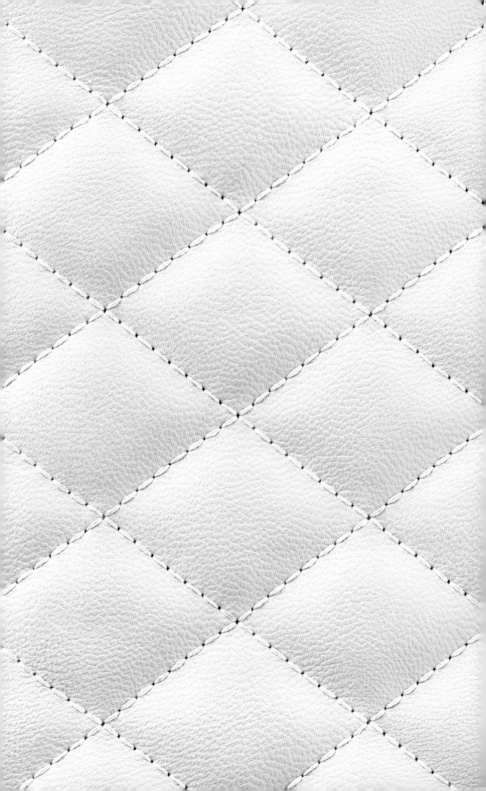

PART 1.

명품백
구매 전
알아야 할 것들

analysis

명품백에 관한 생각들

'명품백' 하면 어떤 생각이 떠오르시나요?

예쁘다, 비싸다, 예물 등 다양한 이미지들이 생각날 것 같은데요.

실제로 명품 가방을 구매하려고 하면

정말 도움이 되는 정보를 얻기가 무척 어렵습니다.

명품 가방에 대한 다양한 정보와 브랜드 지식,

그리고 솔직한 리뷰와 추천을 하기에 앞서

사람들의 명품 가방에 대한 생각을 알아봤습니다.

명품 가방 소장 여부

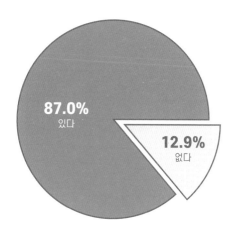

87.0%
있다

12.9%
없다

소장하고 있는 명품 가방의 개수

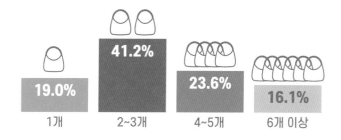

19.0%
1개

41.2%
2~3개

23.6%
4~5개

16.1%
6개 이상

'율럽' 채널에서 진행한 설문 조사에 참여한 사람 중 87%가 명품 가방을 소장하고 있다고 답했습니다. 명품 가방에 대한 정보와 리뷰를 찾아 보는 사람들인 만큼 실제로 명품 가방을 소장하고 있는 경우가 많았습니다.

소장하고 있는 명품 가방의 개수를 물어보는 질문에는 2~3개가 41.2%로 가장 많았고, 4~5개가 23.6%로 그 뒤를 이었습니다. 1개를 소장하고 있는 사람은 19%였고, 6개 이상의 많은 가방을 소장하고 있는 사람도 16.1%에 달했습니다. 일단 명품 가방을 소장하고 있는 사람들은 종류별로 여러 개를 가지고 있다고 생각할 수 있습니다.

가까운 시일 내 명품 가방 구매 계획

가까운 시일 내에 명품 가방을 구매할 계획이 있냐는 질문에는 사고 싶지만 망설이고 있다고 한 사람이 50.1%로 과반수를 차지했습니다. 아직 계획은 없지만 언젠가는 사고 싶다고 답변한 사람은 32%였고, 확실히 구매 계획이 있는 사람이 13%였습니다. 반면 4.1%의 사람은 전혀 구매 계획이 없었습니다. 확실히 가까운 시일 내 구매를 염두에 두고 정보를 찾아보는 사람이 많다는 사실을 알 수 있습니다.

32.0% 계획은 없지만 언젠가 사고 싶다.

50.1% 사고 싶지만 망설이고 있다.

13.0% 확실히 계획에 있다.

4.1% 없다.

0.9% 기타

사고 싶지만 구매를 망설이는 이유

가격 부담 때문에
45.0%

당장 필요하지 않아서
26.1%

무엇을 사야 할지 결정하지 못해서
22.7%

기타
6.3%

명품 가방을 사고 싶은 마음이 있지만 구매를 망설이는 이유는 대부분 가격 부담 때문이었습니다. 45%가 가격 부담을 이유로 꼽았고, 높은 가격의 제품인 만큼 구매 전 더 많은 정보를 알아볼 것이라 예측됩니다. 또한 당장 필요하지 않아서 구매를 망설이는 사람이 26.1%, 무엇을 살지 결정하지 못한 사람이 22.7%로 뒤를 이었습니다. 결국 나의 필요에 딱 맞는 가방이 무엇인지 스스로 결정할 수 있을 만한 안목이 필요할 것입니다.

명품 가방을 구매하는 이유

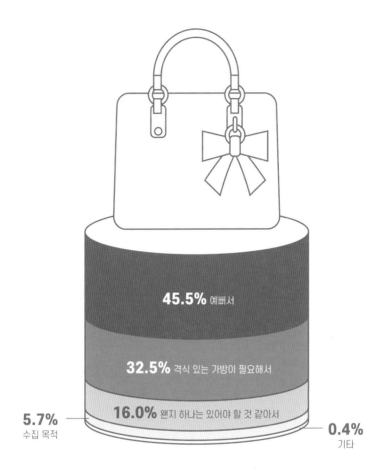

45.5% 예뻐서

32.5% 격식 있는 가방이 필요해서

16.0% 왠지 하나는 있어야 할 것 같아서

5.7%
수집 목적

0.4%
기타

한편 과반수에 가까운 45.5%의 사람이 명품 가방을 예뻐서 구매한다고 이야기했습니다. '가방'의 본연의 가치 중 하나인 패션 아이템으로서의 목적에 충실하다고 할 수 있습니다. 그 뒤를 이어 격식 있는 가방이 필요해서 명품 가방을 구매하는 사람은 32.5%였으며, 왠지 하나는 있어야 할 것 같아서 구매하는 사람도 16%나 있었습니다. 격식 있는 가방을 구매하든 현명한 하나를 구매하든, TPO와 나의 상황에 맞는 가방 선택이 중요하겠습니다.

명품 가방 구매 시 가장 중요하게 여기는 것

그런데 명품 가방을 구매할 때 가장 중요하게 여기는 것으로 예쁜 디자인을 꼽은 사람은 21.4%였고, 오래 쓸 수 있는 가방을 택한 사람이 26.8%로 조금 더 많았습니다. 명품 가방을 예뻐서 구매하지만, 오래 쓸 수 있는지도 중요한 선택 기준이 된다는 것을 알 수 있습니다. 19.1%는 브랜드 가치를 중요하게 생각했고, 18.4%는 실용성을 첫 번째로 꼽았습니다. 의외로 13.2%의 사람만이 가격이 가장 중요하다고 했습니다. 명품 가방을 구매할지 말지 결정하는 데에서는 가격이 중요한 기준이 되지만, 일단 구매를 결정하면 가격은 선택에 큰 영향을 미치지 않는다는 것이 흥미롭습니다.

26.8% 오래 쓸 수 있는 가방
21.4% 예쁜 디자인 및 패션 아이템으로서의 가치
19.1% 브랜드 가치
18.4% 실용성
13.2% 가격
1.1% 기타

명품 가방 정보를 얻는 곳

47%가 유튜브 등 영상 콘텐츠를 통해 명품 가방에 대한 정보를 얻고 있었습니다. 인터넷 검색이 26.5%로 그 뒤를 이었고, 온라인 홈페이지 및 구매 사이트에서 정보를 얻는 사람은 13.1%였습니다. 또한 TV, 잡지 등 대중매체를 통해 정보를 얻는 사람은 5.9%, 백화점 등 오프라인 구매처 직원을 통해 정보를 얻는 사람은 5.8%로 비중이 낮았습니다. 공식 홈페이지나 구매처 등 날것의 정보보다는 누군가가 비교 정리해놓은 정보를 더 선호함을 추측할 수 있습니다. 정보 전달자가 얼마나 중요한 역할을 하는지 느낄 수 있었습니다.

47.0% 유튜브 등 영상 콘텐츠
26.5% 인터넷 검색
13.1% 온라인 홈페이지 및 구매 사이트
5.9% TV, 잡지 등 대중매체
5.8% 백화점 등 오프라인 구매처 직원
1.7% 기타

'율럽'에게 원하는 정보

마지막으로 설문 응답자들의 37.3%는 저에게 명품 가방 실제 사용 후기를 많이 들려주면 좋겠다는 의견을 주었습니다. 명품 가방 구매 정보를 원하는 사람도 28.8%로 많았습니다. 상황별로 멜 명품 가방 추천을 원하는 사람은 17.4%, 브랜드 정보와 지식을 원하는 사람은 14.4%로 그 뒤를 이었습니다. 어느 한쪽에 치우치지 않고 명품 가방에 관한 다양한 시각에서 후기와 정보를 모두 원한다는 생각이 들었습니다.

37.3%
명품 가방 실제 사용 후기

28.8%
명품 가방 구매 팁과 정보

17.4%
상황별 명품 가방 추천

14.4%
브랜드 정보와 지식

2.1%
기타

*

요즘 명품 가방은 누구나 하나쯤은 있을 것처럼 많이 언급되면서도, 별생각 없이 쉽게 구매하기도 부담스럽습니다. 결국 내가 명품 가방을 통해 원하는 것이 무엇인지 알고, 나의 필요에 맞는 아이템을 선택하는 것이 현명한 소비자가 되는 길일 것입니다.

그러기 위해서는 개별 가방에 관한 단순 정보뿐만 아니라 브랜드에 대한 지식과 나의 욕구까지 꿰뚫어 볼 수 있는 안목이 필요합니다. 저는 이 책에 바로 그런 안목을 키울 수 있도록 도와주는 지식과 정보를 담으려 했습니다. 또한 브랜드의 역사와 정체성 등 명품 가방에 관심 있는 사람이라면 유용하고 흥미롭게 읽을 수 있는 이야기를 담았습니다.

TREND

명품백 사기 전 꼭 봐야 할
시대별 명품 트렌드

패션에 유행이 있듯
명품에도 시대별로 대표하는 유행이 있습니다.
과거 전통과 클래식을 내세우던 경향에서,
최근에는 자기만족 등 개인의 취향을 중시한 명품 브랜드가
새롭게 각광을 받고 있습니다.

1980'S
1980년대
#postmodernism #ethnic #signature_pattern

1980년대는 사회 문화적으로 포스트모더니즘이 팽배했습니다. 이러한 영향을 받아 과거의 관습적인 미의식을 따르기보다는 다양한 문화를 수용하고 개성과 대중성을 중시하는 움직임이 많아졌습니다. 다양한 국적의 민속적 요소를 반영한 소박한 느낌의 '에스닉 스타일' 패션이 인기를 끌기도 했습니다.

여성의 사회 진출이 확대되고 생활 수준이 높아짐에 따라 여가를 중시하는 분위기가 두드러졌고, 색감이 다양하고 소재가 고급스러운 패션이 유행하기도 했습니다. 비싼 디자이너 옷을 입고 명품 시계를 착용하며 고급 자동차를 운전하는 라이프 스타일이 생겨난 시기이기도 합니다.

전 세계적으로 1980년대 패션 아이콘은 영국의 다이애나 왕세자비였습니다. 현재까지 디올의 시그니처로 유명한 디올의 레이디 백Lady Bag은 다이애나가 정말 좋아했던 가방으로도 잘 알려져 있습니다. 우리나라에서 명품이 처음 인기를 끌기 시작한 1980~1990년대에는 버버리의 노바 체크와 에트로의 페이즐리 무늬 등 고유 무늬가 뚜렷한 명품이 주를 이뤘습니다. 어떻게 보면 과시하기 좋도록 멀리서 봐도 어떤 브랜드인지 단번에 알 수 있는 제품들이었지요.

1990'S

1990년대

#brands_logos #hiphop #reggae #jean

1990년대 중반부터 해외 럭셔리 브랜드가 본격적으로 국내에 들어오면 서 국내 패션에도 큰 영향을 미쳤습니다. 이때는 브랜드 자체가 주는 상 징성에 큰 가치를 두고, 각각의 제품이 지닌 소재와 스타일보다 브랜드 이름 자체를 중시하는 분위기가 형성됐습니다. 어느 브랜드가 유명한지, 그 옷과 가방이 자신을 어떻게 대변하는지에 초점을 맞췄지요. 특히 샤 넬, 프라다, 루이비통 등 멀리서 봐도 브랜드와 로고를 한눈에 알아볼 수 있는 해외 럭셔리 브랜드가 큰 인기를 얻었습니다. 동시에 힙합과 레게 문화가 당시 젊은 층 사이에 퍼지며 게스, 리바이스처럼 로고가 한눈에 보이는 진Jean 브랜드도 강세를 보였습니다.

이처럼 브랜드가 지닌 상징성으로 자신을 나타내고자 했던 1990년대 패 션은 국내 브랜드보다는 고가의 해외 브랜드에, 특히 브랜드 이름에 많 은 비중을 두었다고 할 수 있습니다. 예를 들면, 1990년대는 고유의 '더 블 G' 마크가 붙은 캔버스와 빨간색과 초록색을 쓴 워브라인 백 등을 선 보인 구찌가 최고의 인기를 누렸습니다. 프라다는 소매 없는 짧은 원피 스 등으로 패션을 주도했으며 일명 '프라다 천'으로 만든 가방들을 선보 이며 선풍적인 인기를 끌었지요. 페라가모도 고유의 리본 장식이 달린 구두와 머리띠 등으로 일명 '청담동 며느리 스타일'로 불리며 큰 바람을 일으켰던 시기였습니다.

2000'S
2000년대
#street_culture #e-shopping #it_bag #signature_design

2000년도에 들어서면서부터 인터넷이 활성화되고, 거리 문화가 활발해 졌습니다. 이러한 두 가지 흐름에 따라 패션의 양상은 달라지기 시작했 습니다. 다양한 쇼핑몰이 늘어났고, 소비자들은 온라인으로 자신이 원하 는 물건을 샀습니다. 가격 비교는 물론, 백화점이나 옷가게에서 구매하 기보다는 온라인으로 몇 천 원, 많게는 몇 만 원까지 저렴하게 구매하면 서 경제적인 소비를 하게 됐습니다.

2000년대는 일명 '잇백It bag'이 특히 두드러지던 시기입니다. 프라다, 루 이비통, 구찌, 펜디, 디올, 샤넬, 끌로에, 마크 제이콥스 등이 많은 잇백을 내놓았지요. 당시 백화점 명품관들은 이러한 브랜드들의 로고를 크게 강 조해 최대한 눈에 띄게 만들었습니다. 이는 소비자의 니즈를 정확하게 간 파해 많은 여성들을 열광하게 했습니다. 당시 유행한 드라마 〈섹스 앤 더 시티〉에서도 이러한 분위기가 잘 나타나지요. 주인공들이 애지중지했던 펜디의 바게트 백, 디올의 새들 백 등은 어떤 순간에도 절대 빼앗길 수 없 는, 누구보다 자신을 잘 위로하는 물건으로 묘사되었습니다.

루이비통 스피디 백도 사람들이 하도 많이 들고 다녀서 3초에 한 번씩 눈에 띈다고 '3초 백'으로 불릴 정도로 큰 인기를 끌었습니다. 샤넬 클래 식 라인과 발렌시아가 모터 백 등 지금까지 시그니처로 사랑받는 대표 적인 가방들은 2000년대에 처음 선보였다는 점이 주목할 만합니다.

2010'S

2010년대

#flex #premium_street_brand #free #sensual

2010년은 밀레니엄 세대(1980년대부터 2000년대에 태어난 세대)에서 나온 소비 키워드 '플렉스Flex'가 주목을 받았습니다. 영어로 '구부리다'를 의미하는 플렉스는 운동하는 사람이 등이나 팔을 구부리며 근육을 자랑하는 형태를 말합니다. 이것이 미국 힙합 가수 사이에서 부나 명품을 과시하는 의미로 확대되면서 유행하게 되었지요. 특히 온라인 매체에서 만연했던 플렉스 문화는 한국 1020 세대에게 큰 공감을 얻으며 '하울 영상' 또는 '언박싱 영상' 형태로 등장하게 됩니다. 2010년 미국 패션 디자이너 제프리 스타가 명품 패션 제품을 구입하는 하울 영상을 올리며 비슷한 쇼핑 영상이 전 세계로 퍼지면서 시작됐습니다. 부유함을 자랑하는 모습 역시 자신을 나타내는 하나의 표현이라고 여기게 된 새로운 문화였습니다.

이러한 흐름에 맞추어 젊은 층을 겨냥한 새로운 명품 형태, 스트리트 명품 패션 브랜드가 2000년 초반부터 잇따라 등장했습니다. 캐주얼 스트리트 패션 브랜드인 오프 화이트, 새 신발도 낡은 신발처럼 보이도록 디자인하는 골든 구스 등 패션계에 좀 더 톡톡 튀고 개성 넘치는 제품이 나왔지요. 2010년대에는 이전에 명품 브랜드에서 중요시했던 격식과 우아함보다는 자유로움과 감각적인 디자인을 강조하는 특징이 두드러졌습니다.

2020'S~

2020~앞으로는?

#genderless #eco_friendly

2020년대 들어서 가장 두드러지는 명품 패션계의 특징은 바로 '젠더리스Genderless'와 '친환경'입니다.

요즘 여성성, 남성성에 초점을 둔 디자인보다는 시대의 흐름에 맞게 성별에 경계를 두지 않는 젠더리스한 옷매무새와 디자인 제품이 많이 출시되고 있습니다. 구찌, 디올 등 다양한 브랜드에서 중성적인 디자인을 꾸준히 선보이면서 패션계의 성별이 점점 허물어짐을 느낄 수 있습니다. 친환경을 위한 움직임도 늘고 있습니다. 패션 산업이 배출하는 탄소는 연간 약 120억 톤으로 전 세계 탄소 배출량의 8~10%를 차지합니다. 이는 비행기 같은 운송 수단에서 직접 배출하는 탄소 양보다 많은 양입니다. 이렇듯 환경 보호의 필요성에 따라 많은 명품 브랜드에서 희귀 동물 가죽 사용을 금지하고, 리사이클링 원단을 사용하는 등 점차 친환경 소재를 개발하고 활용하려는 특징이 많이 나타납니다.

HISTORY

브랜드의 역사와

많은 사람에게 오랫동안 사랑받는 브랜드는
모두 자신만의 역사와 스토리를 가지고 있습니다.
역사와 스토리는 브랜드의 정체성과 스타일,
그리고 디자인에 대한 깊이 있는 이해를 도와줍니다.

IDENTITY

아이덴티티

각 브랜드가 가지고 있는 다양한 스토리와

그 디자인 안에 담겨 있는 역사와 의미를 알게 된다면

어떤 브랜드를 선택할지

결정하는 데에도 큰 도움이 되겠죠?

CHANEL

샤넬

; 여성을 편안하게!

샤넬CHANEL은 1913년도에 창립자 가브리엘 샤넬Gabrielle Chanel이 설립한 브랜드입니다. 가브리엘 샤넬은 1883년 프랑스 소뮈르Saumur 지역에서 태어났습니다. 샤넬이 열두 살이 되던 해에 어머니가 돌아가시면서, 샤넬은 보육원과 수도원을 전전하는 어린 시절을 보냈습니다. 그때 수도원에서 약 7년 동안 바느질을 배웠지요. 그러다 가수로 잠깐 활동하며 노래를 부르기도 했습니다. 그때 불렀던 노래 제목을 따 샤넬에게 '코코Coco'라는 애칭이 생겼습니다.

샤넬은 1910년에 모자 가게를 열고, 부티크를 확장해갔습니다. 당시 여성들의 코르셋 등 불편한 복식에 반발하면서 편안한 여성복을 만들었지요. 샤넬이 만든 승마바지 같은 파격적 디자인이 입소문을 타면서, 프랑스의 항구 도시 도빌Deauville에 새로운 부티크를 열게 됩니다. 샤넬은 그곳에서 단순하고 편안한 차림에 중점을 둔 옷을 꾸준히 제작했습니다.

당시 사람들은 제1차 세계대전을 거치면서 화려한 장식과 불편한 의복 스타일에 싫증을 느끼던 참이었습니다. 사람들이 샤넬의 의복에 점차 매력을 느끼게 되면서 샤넬의 부티크는 점점 큰 인기를 얻게 되었습니다. 당시의 샤넬은 그야말로 새로운 여성 패션의 시대를 열었던 혁신 그 자체였지요. 기존에 클러치 형태로만 들고 다니던 가방에 가죽끈스트랩을 달면서 지금의 스트랩백Strap Bag을 처음으로 만든 사람도 샤넬이었습니다.

샤넬은 예쁜 디자인으로 많은 사랑을 받았습니다. 당시에 유행했던 대표적인 가방으로는 지금까지도 시그니처로 사랑받고 있는 '샤넬 2.55 백'이 있습니다. 샤넬은 혁신적인 디자인과 예쁜 디자인을 중심으로 지금까지 큰 인기를 얻는 대표 명품 브랜드가 되었습니다.

크리스챤 디올

; 화려함을 부활시키다!

크리스챤 디올Christian Dior은 1947년도에 창립자 크리스
찬 디올이 설립한 브랜드입니다. 디올은 1905년 프랑스
노르망디Normandy 해안 그랑빌Granville의 어느 부잣집 아
들로 태어났습니다. 동시대 많은 디자이너들이 어린 시
절을 힘들게 보낸 것과 달리 그는 풍요로운 환경 속에
서 자랐지요. 어머니와 함께 정원에서 꽃을 가꾸고 그
림을 그리는 일상을 보냈다고 합니다.

디올이 열 살이 되었을 때, 그
의 가족은 파리로 이사를 합니
다. 건축가의 꿈을 키웠던 디올
은 아버지의 강압으로 정치학과
에 진학합니다. 그로 인해 방황
을 하게 되지요. 디올은 간신히
학교를 졸업하지만 예술을 향한
열망을 버리지 못합니다. 그러다
1928년, 친구인 '자크 봉장Jacques

Bonjean'과 함께 파리에 소규모 아트 갤러리를 열고 평소 좋아하던 작품들을 전시합니다. 디올이 당대 예술가들과 친했던 이유도 이러한 경력 덕분이라고 할 수 있지요. 그런데 평온하던 디올의 삶에 어머니와 형의 죽음, 아버지의 사업 파산이라는 비극이 찾아옵니다. 그러다 직물 회사를 운영하던 마르셀 부사크Marcel Boussac를 만나며 디올은 인생의 전환점을 맞이합니다. 부사크의 재정적 지원에 힘입어 파리 몽테뉴 거리에 자신의 이름을 딴 브랜드를 오픈하고, 1947년 첫 컬렉션부터 엄청난 반향을 불러오게 됩니다.

디올은 당시 샤넬과는 대조되는 '뉴 룩New Look'을 탄생시켰습니다. 허리가 잘록하게 들어간 풍성하고 화려한 스타일의 컬렉션을 선보였습니다. 그동안 샤넬이 심플하고 편한 디자인으로 파리의 유행을 주도해왔기 때문에 디올의 화려한 의복은 사람들에게 큰 인기를 끌었습니다. 여성의 몸매를 드러내는 디올의 실루엣은 그야말로 당시 여성들의 니즈를 완벽하게 반영한 옷이었으며, 전쟁 후 칙칙했던 유럽 패션계에 생기를 불어넣었습니다.

디올은 10주년 컬렉션을 앞두고 52세의 나이에 갑자기 심장마비로 사망했습니다. 하지만 늘 예술로 꿈과 환상, 아름다움을 추구했던 그의 정신과 가치는 디올 브랜드에 이어져 지금까지도 전 세계에서 사랑을 받고 있지요.

Louis Vuitton

루이비통
; 불편함을 없앤 디자인이 불러온 나비효과

루이비통Louis Vuitton은 1854년 창립자 루이 비통이 설립한 브랜드입니다. 루이 비통은 1821년 프랑스 안쉐Anchay의 한 작은 마을에서 태어났습니다. 집안 대대로 목공소를 운영하는 집이었기에 루이 비통은 어릴 때부터 나무 다루는 일을 보며 자랐습니다. 열네 살이 되던 해, 그는 가방 제조 전문가인 무슈 마레샬Monsieur Maréchal의 견습공이 됩니다. 거기에서 귀족의 여행 짐을 꾸려 주는 일을 했는데, 기술이 뛰어나 귀족들 사이에서 최고의 패커Packer로 소문이 나게 됩니다. 그러다 황후의 전담 패커가 되기도 했지요.

이후 1854년, 루이 비통은 까푸신느Capucines 4번가에 포장 전문 가게를 열게 됩니다. 가게에서는 포장도 하고 트렁크도 만들어 팔았지요. 이때부터 독자적인 브랜드 루이비통의 디자인이 빛을 보게 됩니다. 당시 여행용 트렁크들은 위쪽이 둥근 형태로 되어 가방 여러 개를 쌓기 어려웠고, 철도나 배로 실어 나르기 불편하다는 단점이 있었습니다. 이에 루이 비통은 1858년에 여행 가방 최초로 평평한 바닥에 사각형 모양으로 된 트렁크를 만들게 됩니다. 이 트렁크는 출시되자마자 프랑스 황후뿐만 아니라 작가 어니스트 헤밍웨이 등 당대 저명인사들이 사용해 큰 유명세를 치렀습니다.

트렁크가 성공하면서 루이 비통은 1859년 파리에 첫 번째 공방을 개점합니다. 이 공방에서는 지금도 전 세계 유명인사의 트렁크나 월드컵 트로피 트렁크 등을 주문받아 특별 제작을 합니다. 이렇게 실용적인 트렁크 가방으로 시작한 루이비통의 부티크는 점차 다양한 일상용 가방을 만들어갔습니다. 1892년부터 스티머 백 Steamer Bag, 키폴 백Keepall Bag, 스피디 백Speedy Bag, 노에 백Noe Bag 등을 차례로 선보이며 가방 브랜드의 선두주자가 되었지요.

사용자가 편리하게 가방을 사용할 수 있게 한 그의 열정과 정신은 지금까지도 루이비통을 최고의 브랜드로 이끌고 있습니다.

Hermès

에르메스

; 수작업과 소량 생산의 고집이 만들어내는
단 하나의 작품

1801년 독일 크레펠드Krefeld에서 숙박업을 하던 어느 가
문에 남자아이가 태어났습니다. 남자아이는 바로 에르
메스 브랜드 설립자 티에리 에르메스Thierry Hermès였지요.
그는 1837년 프랑스 파리의 마들렌 광장에서 가게를 열
며 에르메스Hermès 브랜드의 시작을 알렸습니다. 처음에
는 말의 안장과 마구용품 등을 생산하는 가게였지요.

티에리 에르메스의 꼼꼼함과 뛰어난 장인정신은 금세
입소문이 났습니다. 1867년 파리 세계 박람회에서 1등
상의 영예를 안은 뒤 본격적으로 브랜드를 확장했지요.
가업은 에르메스의 손자 에밀 에르메스Emile Hermès에게
이어졌습니다. 에밀 에르메스는 미국을 방문했을 때, 교
통수단의 발전을 목격하고, 앞으로의 여행 산업의 흥행
을 예측했습니다. 그러고는 에르메스의 고급스러운 '새
들 스티치 기술'을 적용한 핸드백과 여행 가방을 만들
었지요.
에밀 에르메스 이후 사위 로베르 뒤마Robert Dumas가 그

뒤를 이었습니다. 그는 에르메스의 첫 번째 향수인 오드 에르메스를 출시했습니다. 에르메스를 대표하는 가방인 켈리 백Kelly Bag도 이때 탄생했습니다. 1956년 모나코의 왕세자비 그레이스 켈리Grace Kelly가 에르메스 가방으로 임신한 배를 가린 사진이 잡지에서 공개되며 대중들은 이 제품을 '켈리 백'이라고 부르게 되었지요.

에르메스 가문은 그 누구보다 새로운 트렌드에 발 빠르게 움직였습니다. 그러나 그들이 절대 바꾸지 않는 원칙이 있었는데, 바로 수작업과 소량 생산입니다. 그들은 공장형 제작은 에르메스에는 있을 수 없다고 생각했고, 장인정신과 수작업을 경영 철학으로 내세우며 지금까지도 이어오고 있습니다. 에르메스의 가죽 제품들은 지금도 장인이 처음부터 끝까지 완성하는 방식으로 만들어집니다. 에르메스를 단순히 제품이라고 하기보다는 하나의 작품이라고 볼 수 있는 이유입니다.

구찌

; 세기의 패션 셀러브리티들이
  사랑한 브랜드

구찌 Gucci는 이탈리아의 패션 디자이너 구찌오 구찌 Guccio Cucci가 피렌체 Firenze에서 1921년 설립한 브랜드입니다.

구찌는 1897년 런던의 최고급 사보이 호텔에서 벨보이로 일하며 귀족과 상류층의 문화를 자연스럽게 접했습니다. 이후 1902년 고향으로 돌아가 가죽 가공 기술을 배우게 됩니다.

당시 구찌는 영국의 귀족 스타일에 이탈리아의 섬세한 가죽 가공 기술이 더해진 승마 용품 중심의 가죽 제품을 선보였습니다. 말의 재갈을 활용한 홀스빗 Horsebit 등이 지금까지 구찌의 고유한 상징이 된 이유도 이 때문입니다.

1940년대 전쟁으로 인해 가죽의 공급이 부족해지자, 구찌를 돕던 첫째 아들 알도 구찌 Aldo Gucci는 대마나 대나무 등을 소재로 사용해 가방을 제작했습니다. 대마와 삼마를 다이아몬드 형태로 직조해 여행 가방으로 만든 디아만테Diamante 캔버스는 현재 '구찌 GG 수프림' 캔버스의 시초가 된 첫 시그니처 프린팅입니다. 대나무로 만든 구찌의 뱀부Bamboo 손잡이 또한 이때 개발된 아이디어 상품이었지요.

구찌는 1990년대에 들어 가족 경영을 탈피하며 톰 포드Tom Ford, 프리다 지아니니Frida Giannini, 알레산드로 미켈레Alessandro Michele 등 성공적인 디자이너들의 컬렉션을 선보였습니다. 2015년부터 구찌를 최고의 전성기로 이끌었던 알렉산드로 미켈레가 구찌를 떠나고, 전 발렌티노의 디자이너인 사바토 드 사르노Sabato De Sarno가 새로운 크리에이티브 디렉터로 임명되면서 앞으로 있을 변화에 모두가 주목하고 있습니다.

구찌는 실적 부진 등 위기의 순간도 겪었지만 위기가 닥칠 때마다 새로운 시도로 전화위복을 만들었습니다. 구찌의 개척 정신은 지금까지도 여러 사람들에게 많은 사랑을 받을 수 있는 힘이자 원동력이 아닐까 싶습니다.

Burberry

버버리

; 체크의 원조,
영국 왕실에서도 인정한 디자인

토마스 버버리Thomas Burberry는 영국 날씨로부터 신체를 보호할 수 있는 의류를 디자인하겠다는 신념을 바탕으로 스물한 살에 버버리Burberry를 설립합니다.

영국은 하루에도 여러 번 비가 내려서 사람들은 항상 우산과 비옷을 준비해야 했습니다. 당시 비옷은 고무로 되어 무게가 굉장히 무거웠습니다. 토마스 버버리는 농부, 마부들이 걸치던 비옷 원단에서 영감을 받아 '개버 딘Gabardine'이라는 원단을 개발합니다. 개버딘은 같은 크기의 고무 원단보다 훨씬 가벼웠습니다.

흔히 '버버리 코트'라고 불리는 트렌치코트Trench Coat는 보어 전쟁 때 군부에서 대량으로 주문해 입던 코트입니다. 이후 해당 소재는 실용성과 디자인 모두 인정을 받으며 등산복, 낚시복, 아웃도어까지 점차 영역을 확장했습니다.

1990년대에 들어 버버리는 클래식한 이미지가 너무 강해서 젊은 층의 선호를 얻지 못해 위기를 겪는 듯했습니다. 그러다 2001년 구찌의 수석 디자이너였던 크리스토퍼 베일리Christopher Bailey를 영입해 버버리에 젊음과 생기를 불어넣게 됩니다.

2018년에는 한때 지방시의 전성기를 이끌었던 리카르도 티시Riccardo Tisci가 버버리의 크리에이티브 디렉터로 임명되면서 옷에 집중되던 디자인이 가방까지 확장합니다. 그는 창립자 토마스 버버리의 이니셜을 모노그램으로 만든 TB 백TB, Thomas Burberry Bag을 만들었습니다. 새로운 스타일과 소재의 변화 등 다양한 시도를 해 버버리의 전성기를 이끈 디자이너입니다.

그리고 2022년 10월, 보테가베네타를 성공적으로 이끈 다니엘 리Daniel Lee가 새로운 크리에이티브 디렉터로 임명되면서 또 한 번 불어올 버버리의 새로운 바람에 모두가 주목하고 있습니다.

Saint Laurent

생로랑

; 천재 디자이너, 꿈을 펼치다

생로랑Saint Laurent은 디자이너 이브 생 로랑Yves Saint Laurent이 1961년 설립한 브랜드입니다. 이브 생 로랑은 1936년 알제리에서 태어나 부유한 환경에서 자랐습니다. 어렸을 때부터 예술에 관심이 많았고 패션 잡지에서 옷을 오려 디자인하는 등 비범한 재능을 보였습니다.

열일곱 살이 되던 해, 이브 생 로랑은 국제 양모 사무국의 디자인 콘테스트에 나가 첫 출품작으로 3등을 거머쥐었습니다. 이때 심사위원이 크리스찬 디올, 위베르 드 지방시 등 당시 영향력 있는 디자이너들이었기 때문에 큰 의미가 있었습니다.

이후 한 번 더 도전한 콘테스트에서는 무려 1등을 차지하며 패션계의 주목을 받게 됩니다. 그리고 크리스찬 디올의 어시스트가 되고, 이후 1957년 디올 수석 디자이너를 거쳐 1961년 젊은 나이로 자신의 이름으로 브랜드를 만듭니다.

그리고 최초로 바지로 된 여성 정장을 도입한 '르 스모킹 룩'을 출시합니다. 르 스모킹은 턱시도의 프랑스어 명칭이며, 당시 턱시도는 남성들만 착용하던 옷이었기에 오래된 관습을 타파한 패션의 혁명가라는 별명을 얻게 됩니다. 또한 혁명적인 여성복으로 평가받는 시스루 룩과 사파리 룩, 패션계 최초 예술 작품과의 접목을 이루어낸 몬드리안 컬렉션Mondrian Collection 등 파격적이고 독창적인 아이디어로 패션계를 이끌었습니다.

생로랑은 자유분방한 아이디어로 패션 업계에 항상 놀라움과 감동을 주었습니다. 고정관념을 깨는 다양한 시도로, 그의 도전 정신은 많은 디자이너들에게 귀감이 되며 그 명성을 이어가고 있습니다.

TYPE OF BAG

가방의 종류

가방은 형태와 디자인이 다양한 만큼

각 특징에 따라 부르는 명칭이 있습니다.

가방의 종류별로 쓰임과 장단점이 다르기 때문에

가방의 종류에 대해 알게 되면

내가 어떤 스타일의 가방을 좋아하는지 판단하기 쉽고

따라서 실용적이고 활용도 높은 가방을 고르는 데

큰 도움이 될 것입니다.

쇼퍼 백
Shopper Bag

쇼퍼 백은 물건을 사는 손님의 가방이라는 뜻으로, 쇼핑할 때 이용하는 커다란 손가방이나 어깨에 메는 가방을 말합니다. 초기에는 비닐 재질로 색감이 다양하고 독특한 쇼핑백 형태로 활용되다가, 점차 유명 브랜드에서 고급 소재를 활용해 다양한 쇼퍼 백이 나왔습니다. 일명 '보부상 가방'으로, 짐이 많고 육아를 하는 엄마의 가방으로 특히 추천합니다.

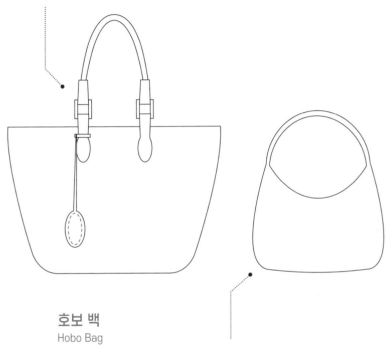

호보 백
Hobo Bag

호보 백은 아래로 축 처진 반달 모양의 가방을 뜻합니다. 호보 백의 유래는 부랑자, 이주민의 뜻을 가진 '호보(Hobo)'에서 찾을 수 있습니다. 과거 미국 개척시대 때 영국 등 여러 국가에서 많은 이주민들이 새로운 터전 미국으로 많이 건너갔습니다. 사람들은 무거운 짐을 편하게 가지고 다니기 위해 많은 고민을 했다고 합니다. 고민 끝에 막대기를 이용해 천을 처진 형태로 묶어 들고 다니는 방법을 생각했는데, 여기서 지금의 호보 백이 탄생했다고 합니다. 호보 백은 2020년대 들어 새롭게 유행을 선도하는 레트로의 중심에 선 스타일이기도 해서 특히 요즘 더 많이 볼 수 있습니다.

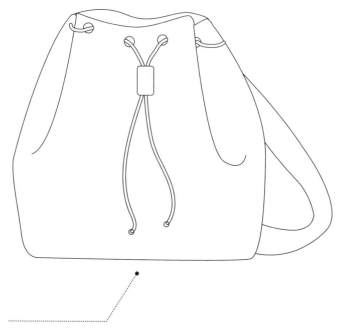

버킷 백
Bucket Bag

'양동이'라는 뜻을 가진 버킷(Bucket)이라는 이름처럼 둥근 바닥면이 특징입니다. 위쪽을 가죽끈으로 모아주는 디자인과 동그랗게 열린 디자인으로 나눌 수 있습니다.

가죽끈으로 모아주는 디자인으로는 프라다 나일론 버킷 백, 구찌 오피디아 버킷 백, 루이비통 락미 버킷백, 메종 마르지엘라 5AC 버킷 백, 펜디 몬트레조 버킷 백 등이 있습니다. 위쪽이 동그랗게 열린 디자인으로는 셀린느 버킷 백, 고야드 미니앙주 백 등이 있습니다.

버킷 백의 가장 큰 장점은 수납력이 정말 좋다는 점입니다. 바닥이 둥글고 넓기 때문에 크기에 비해 수납이 매우 잘 되지요. 파우치 통 수납은 물론이고 책도 들어갈 만큼 내부 공간이 넉넉한 편입니다. 그래서 신경을 크게 쓰지 않으면서도 예쁘고 편하게 매일 들고 싶은 사람에게 특히 추천하는 가방입니다.

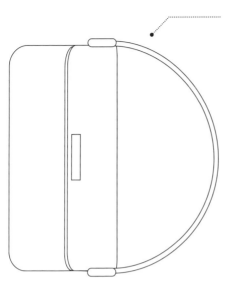

바게트 백
Baguette Bag

바게트 백은 바게트 빵처럼 길고 납작하게 생겨서 옆구리에 끼고 다니는 가방입니다. 1997년 럭셔리 브랜드 펜디 (Fendi)가 바게트를 겨드랑이에 끼고 바쁘게 움직이는 파리 사람들의 모습에서 아이디어를 얻어 제작했다고 합니다. <섹스 앤 더 시티>의 주인공 '캐리'가 들고 나와 품절 사태가 났고 이후 어깨 아래로 바짝 붙여 메는 가방 스타일을 가리키는 보통 명사로 널리 쓰이고 있습니다. 가로가 길기 때문에 클러치 백처럼도 활용이 가능하고, 휴대전화 수납이 용이합니다.

클러치 백
Clutch Bag

클러치 백은 '쥐다(Clutch)'라는 뜻에서 유래한 가방입니다. 멜 수 있는 끈이나 손잡이가 없는 형태를 띱니다. 손에 쥐고 다니기에 무리가 없도록 얇고 가벼운 특징이 있습니다. 가죽끈이 없어서 편하진 않지만 데일리 백이 아닌 새로운 분위기를 원할 때 착용하기 좋은 스타일입니다.

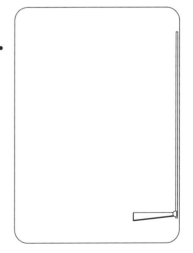

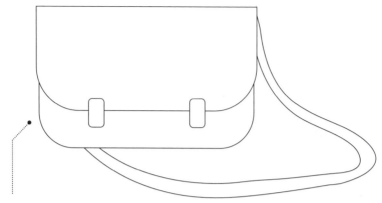

메신저 백
Messenger Bag

메신저 백은 캐주얼한 느낌을 주는 덮개와 긴 끈으로 된 숄더백입니다. 미국 우편배달부들이 들고 다닌 가방과 닮았다고 해서 '메신저 백'이라고 부른다는 설이 있고, 유럽 우체국에서 사용하던 포대자루 같은 소재로 만든 가방에서 유래되었다는 설도 있습니다. 캐주얼하고 실용적인 분위기를 풍깁니다. 평소 책을 많이 들고 다니는 대학생이나 서류가 많은 직장인들에게 특히 추천하는 스타일입니다.

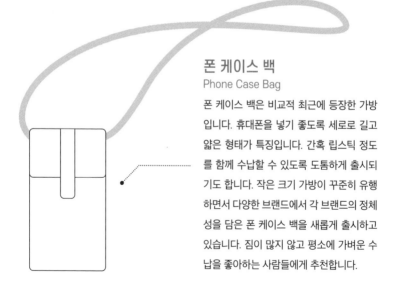

폰 케이스 백
Phone Case Bag

폰 케이스 백은 비교적 최근에 등장한 가방입니다. 휴대폰을 넣기 좋도록 세로로 길고 얇은 형태가 특징입니다. 간혹 립스틱 정도를 함께 수납할 수 있도록 도톰하게 출시되기도 합니다. 작은 크기 가방이 꾸준히 유행하면서 다양한 브랜드에서 각 브랜드의 정체성을 담은 폰 케이스 백을 새롭게 출시하고 있습니다. 짐이 많지 않고 평소에 가벼운 수납을 좋아하는 사람들에게 추천합니다.

WOC 백
Wallet On Chain

WOC 백은 지갑에 체인을 단 형태의 가방을 의미합니다. 그만큼 작은 크기가 특징이며 가볍고 귀엽게 스타일링하기 좋은 가방입니다. 다만 크기가 작아서 수납은 잘 되지 않기 때문에 평소에 짐이 없고 눈에 띄는 귀여운 가방을 찾는 사람들에게 추천하는 스타일입니다.

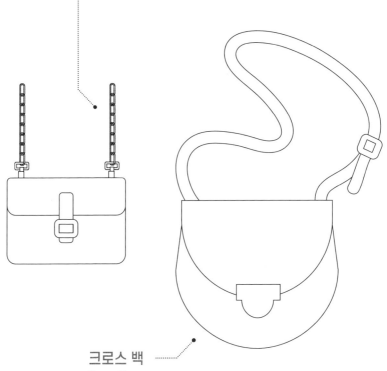

크로스 백
Cross Bag

크로스 백은 긴 끈을 이용해 몸을 가로질러 메는 형태의 가방을 총칭합니다. 대부분 긴 숄더백으로 활용할 수 있으며, 캐주얼한 무드가 많이 느껴지기 때문에 평소에 꾸민 듯 안 꾸민 듯 꾸민 '꾸안꾸' 스타일이나 동네 마실 나갈 때 입는 듯한 '원 마일(1 mile)' 스타일을 즐겨 입는 사람들에게 추천합니다.

카메라 백
Camera Bag

카메라를 넣기 좋은 형태의 가방이라서 '카메라 백'이라는 이름이 붙은 가방입니다. 이 가방은 살짝 직사각형에 두툼한 옆면을 가졌습니다. 지퍼로 여닫는 디자인이 많기 때문에 심플한 느낌을 풍기며, 수납이 매우 편하게 잘 됩니다. 평소 가벼운 여행을 갈 때에도 메기 좋기 때문에 연령에 상관없이 두루두루 추천하는 가방입니다.

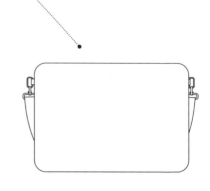

토트백
Tote Bag

토트백은 쇼핑백처럼 양쪽에 손잡이가 달려서 손으로 들거나 팔에 끼워 사용할 수 있도록 디자인된 가방입니다. 토트백은 숄더백이나 쇼퍼 백과는 달리 핸들이 넓지 않아서, 어깨에 걸지 못하고 손에 끼워서 사용하는 디자인이 많습니다. 정장과 잘 어울리는 가방으로 평소 잘 차려 입기를 좋아하는 사람, 미팅이 많은 직장인들에게 특히 추천합니다.

숄더백
Shoulder Bag

숄더백 또는 '숄더 스트랩 백'이라 부르며, 어깨에 걸치도록 디자인된 가방입니다. 숄더백 개념 안에 다양한 스타일의 가방들이 포함되어 있으며, 호보 백, 바게트 백 등을 포괄하는 더 큰 의미의 단어입니다.

BaG'S

명품백 소재

명품 가방을 구매하기 전에 한 번쯤

'대체 이 가죽이랑 저 가죽의 차이는 뭘까?',

'어떤 소재를 사야 더 잘 쓸 수 있을까?' 하는 고민을 하지 않나요?

가방에 사용되는 소재는 정말 다양하고,

특히 가죽 같은 경우에는 동일한 가죽을 사용하더라도

가공 방식에 따라서 분위기, 견고함과 내구성이 달라진다는 사실!

mater-ials

총 정리

소재를 잘 알고 있으면 만족스러운 구매를 할 수 있을 뿐만 아니라
구매한 가방을 관리하는 데도 큰 도움이 됩니다.
명품 브랜드에서는 같은 디자인으로
가공법만 다르게 출시가 되는 경우도 많아서
마음에 드는 디자인을 골랐다면
어떤 소재로 가방이 나오는지 꼼꼼하게 확인해보면 좋습니다.

1
카우 스킨
Cow Skin

소가죽을 말하는 카우 스킨은 가방을 만들 때 가장 많이 사용되는 가죽으로 구두, 가구, 핸드백 등 다양하게 활용됩니다. 특히 송아지 가죽은 카프 스킨(Calf Skin)이라고 불리며, 탄성이 좋고 모공이 섬세하기 때문에 명품에서 특히 많이 사용됩니다.

부드럽게 가공

내구성 강하게 가공

CALF SKIN

다른 가죽 모양 스탬핑

1 카프 스킨

카프 스킨은 가공 방법에 따라 정말 튼튼하기도 하지만, 한편으로는 한없이 부드러운 경우도 있습니다. 그래서 카프 스킨으로 된 가방을 구매할 때는 카프 스킨 자체보다는 어떻게 가공이 되었는지를 보는 편이 좋습니다.

부드럽게 가공

카프 스킨이 부드럽게 가공된 경우 겉보기에 가장 아무 무늬가 나타나지 않습니다. 굉장히 부드러운 감촉이 느껴지고 고급스러운 느낌이 들지만 손톱 등의 생활 스크래치에 약하기 때문에 관리가 어려운 편입니다. 이렇게 가공된 가방으로는 구찌 실비 백 등이 있는데요. 네일아트 등 손톱 꾸미기를 좋아하거나 평소에 물건을 험하게 쓰는 편인 경우에는 가장 피해야 하는 소재라는 점 기억하세요.

내구성 강하게 가공

반대로 내구성 강하게 가공이 된 카프 스킨은 어떤 특징이 있을까요? 대부분 작은 무늬를 살펴볼 수 있습니다. 무늬가 굵고 촘촘할수록 단단해진다고 보면 됩니다. 표면이 오돌토돌하기 때문에 보편적으로는 '알갱이'라는 뜻의 그레이니 카프 스킨이라고 합니다. 샤넬의 경우 조금 더 촘촘한 상어 알처럼 보이도록 가공을 해서 '캐비어 스킨'이라는 명칭으로 부르기도 합니다. 가죽이 오돌토돌하고 표면이 튼튼하기 때문에 생활 스크래치에 강하며 매일매일 편하게 사용하기에 정말 좋은 소재입니다. 명품 브랜드에서도 정말 많이 사용하는 가공 방식이며, 이 방식으로 만든 가방은 루이비통에서는 마이락미, 에삐(오돌토돌한 무늬 대신 긴 무늬), 트위스트 백이 있고, 샤넬 클래식 백, 셀린느 상글 백 등이 있습니다.

다른 가죽 모양 스탬핑

아무 무늬가 없는 가죽에 다른 가죽의 모양을 스탬핑(Stamping)한 카프 스킨도 모양과 디테일이 점점 다양해지고 있습니다. 그중 악어가죽을 흉내 낸 모양이 가장 많습니다. 예전에는 디테일이 어색하고 어설픈 경우도 많았는데 요즘은 스탬핑 공법이 발전하면서 원래 모양의 느낌과 특징을 잘 살려 정말 자연스러워졌지요. 스탬핑을 찍고 한 번 더 코팅을 한 형태가 많기 때문에 카프 스킨의 가공 방식 중 가장 튼튼하다고 할 수 있으며, 이 방식은 생로랑의 삭드 쥬르 라인에서 특히 다양하게 적용되었습니다.

② 사피아노

사피아노는 프라다(Prada)에서 개발한 철망 패턴의 소가죽입니다. 스크래치에 약한 가죽의 특징을 보완하기 위해 개발된 소재이며, 1913년 마리오 프라다(Mario Prada)가 프라다를 설립하자마자 개발했습니다. 처음에 사피아노 럭스 백으로 출시됐고 엄청난 사랑을 받아서 시그니처로 자리잡았습니다. 이 가방은 현재 '백화점 갤러리아 백'으로 불리기도 합니다. 처음에는 프라다 브랜드의 시그니처 소재로 알려졌지만 세련된 분위기와 내구성까지 좋아 현재는 하나의 패션 소재 카테고리로 분류됩니다.

2
램 스킨
Lambskin

램 스킨은 부드럽고 우아하며 고급스러운 분위기를 내는 새끼 양의 가죽 소재입니다. 정말 좋은 소재이지만 스크래치와 마모에 약하다는 치명적인 약점이 있습니다. 그렇지만 램 스킨의 부드러운 매력에 빠지면 헤어나오기가 어려운 만큼, 램 스킨 중에 가장 튼튼한 소재를 고르는 '꿀 팁'을 공개합니다!

램 스킨도 가공 방법에 따라 발렌시아가의 카바스레더 같은 주름진 램 스킨, 샤넬의 퀼팅 램 스킨, 그리고 아무 무늬와 퀼팅이 없는 램 스킨으로 나눌 수 있습니다. 그중 튼튼한 순서대로 나열하자면 '주름 > 퀼팅 > 민무늬' 순입니다. 주름진 램 스킨은 원래부터 빈티지한 분위기를 풍기면서도 마모와 스크래치가 가장 티 안 나는 가죽입니다.

또한 퀼팅은 촘촘할수록 스크래치가 덜 나고, 살짝 오동통한 양감이 있으면 더 좋기 때문에 램 스킨을 고를 때 내구성까지 생각한다면 민무늬보다는 주름이 졌거나 퀼팅이 있는 가죽을 추천합니다.

3	4
고트 스킨	**스웨이드**
Goatskin	Suede

고트 스킨은 보편적으로 많이 쓰이는 가죽 중에 가장 단단하고 견고하며 튼튼한 염소 가죽입니다. 다만 무게가 많이 나가는 편이라 고트 스킨으로 된 가방은 무겁다는 단점이 있습니다. 예전에는 지방시에서 고트 스킨을 정말 많이 활용했고, 특히 안티고나 백이 고트 스킨 가방 중에 정말 유명했습니다. 무게감을 별로 신경 쓰지 않는다면 관리하기에는 가장 좋은 가죽입니다.

스웨이드는 '스웨덴으로부터 수입한 부드러운 장갑'을 지칭하는 말로 프랑스에서 처음 사용했습니다. 이후 '표면에 부드러운 냅을 가진 가죽 소재'라는 의미로 두루 쓰였습니다. 카프 스킨, 램 스킨의 가죽 뒷면을 가공한 소재인데, 가죽의 안쪽 면이기 때문에 기존 가죽들과 완전히 다른 느낌을 풍깁니다. 일반적으로 따뜻한 느낌이 많이 들기 때문에 겨울에 많이 찾는 소재입니다. 이염에는 취약하기 때문에 비 오는 날, 눈 오는 날에 특히 조심해야 하는 가죽입니다.

5
패던트
Patent

에나멜 가죽을 영어로 '패던트'라고 하는데, 카프 스킨에 광이 돌게 한 번 더 코팅이 된 가죽을 의미합니다. 아무래도 한 번 더 코팅이 되었기 때문에 스크래치나 내구성에는 강한 편입니다. 다만 밝은 색 패던트의 경우 색 바램이나 변색이 생기기 쉽습니다. 만약 밝은 색 패던트 가방을 구매하고 장롱에 오래 뒀다면 표면이 누렇게 변한 모습을 볼 수 있습니다. 패던트는 튼튼하지만 또 한편으로는 관리가 어려운 편에 속하기 때문에 패던트로 된 가방을 구매한다면 어두운 색을 추천합니다. 어두운 색의 패던트는 밝은 색보다는 변색이 보이지 않고 내구성 좋게 오래 사용할 수 있습니다.

6
캔버스
Canvas

캔버스는 '삼베로 만들었다'라는 뜻의 라틴어 'Cannapaceus'에서 유래된 단어입니다. 처음에는 캔버스를 삼베로 많이 만들었지만 공업화 이후에는 리넨과 솜으로 사용하게 되었다고 합니다. 주로 평직으로 직조해 탄탄하게 마무리하는데, 코팅이 되지 않은 면을 이용한 직조가 많다 보니 외부 이염에 약한 단점이 있는 소재입니다. 예를 들면, 캔버스로 된 가방에 음료가 묻었을 경우 바로 스며들기 때문에 닦아도 이미 이염이 돼버리지요. 그렇지만 가죽에 비해 가격이 낮고, 캐주얼해 가볍게 들 수 있다는 큰 장점이 있습니다.

7
코팅 캔버스
PVC Canvas

8
나일론
Nylon

일명 'PVC 캔버스'라고도 불립니다. 코팅 캔버스계의 최고 브랜드를 꼽자면 구찌, 루이비통, 고야드(Goyard)입니다. 이 브랜드들의 '로고 플레이와 코팅 캔버스' 조합은 브랜드의 시그니처이면서 오랜 시간 꾸준히 많은 사랑을 받고 있습니다. 코팅 캔버스의 가장 큰 장점은 단연 내구성인데, 캔버스에 얇게 PVC 코팅이 덧대어지면서 캔버스의 약점이었던 이염이 보완된 튼튼한 소재로 재탄생하게 됩니다. 또한 가죽이 거의 들어가지 않기 때문에 가볍다는 장점이 있습니다. 짐이 많은 사람이나 큰 가방을 찾는 사람들에게 최고의 소재가 아닐까 싶습니다.

'나일론 가방' 하면 딱 떠오르는 브랜드 바로 프라다입니다. 프라다에서 사피아노 가죽 소재를 처음 선보였는데, 나일론 역시 프라다가 처음으로 가방에 접목했습니다. 프라다가 1979년에 처음 나일론을 썼을 때, 당시 가방이 가죽 이외의 소재로 만들어지는 일이 흔치 않던 시대였지요. 프라다의 손녀 미우치아 프라다(Miuccia Prada)는 낙하산이나 군용 텐트에 주로 사용되던 포코노 나일론 소재를 가방에 처음 도입했습니다. 1990년대에 프라다 나일론 백은 성공한 직장인의 상징이 될 정도로 크게 유행했습니다. 나일론은 가볍고 편안한 데일리 가방의 정의를 새롭게 쓴 소재라고 볼 수 있습니다.

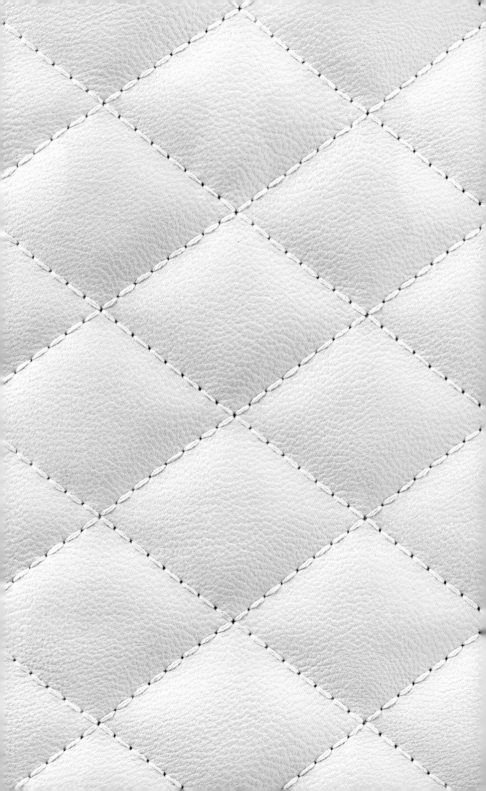

PART 2.

무엇을 살지 모르는
당신을 위한
명품백 베스트 55

DAILY BAG

매일 들기 좋은 가방

직장인을 위한 데일리 백

수납력 좋고 실용적인 가방

사회 초년생을 위한 가성비 백

* 사이즈 기준 : 가로 길이 x 높이 x 너비(cm)
* 가방 크기 약자

  BB : Baby Bandouliere, 가장 작은 크기의 미니 백

  PM : Petit Model, 작은 크기의 가방

  MM : Moyen Model, 중간 크기의 가방

  GM : Grand Model, 가장 큰 크기의 가방

  (BB < PM < MM < GM 순서로 커지며, 브랜드에 따라 각 사이즈의 크기가 다릅니다.)
* 가격 등 제품 정보는 2023년 4월 기준입니다.

명품 가방을 살 때 가장 고민되는 부분은 아무래도 '일상생활 속에서 가방을 잘 활용할 수 있을까?'입니다. 일상용 명품 가방을 찾는 분들을 위해 매일 들기 좋은 가방을 소개합니다.

첫 번째, 직장인을 위한 '데일리 백'입니다. 사회에 찌들어가며 직장에 다닌 지 어느덧 수 년 차, 매일 반복되는 일상을 벗어나 기분 전환이 필요할 때 필요한 가방은 무엇일까요? 사무실에 늘 앉아 있으니 작은 가방이면 될 듯하지만, 생각보다 회사에는 들고 나와야 할 물건들이 많습니다. 휴대폰과 지갑은 물론, 업무를 위한 태블릿과 서류를 가지고 다녀야 하니까요. 거기에 하루 동안 무너진 화장을 고치기 위한 파우치와 무선 이어폰, 보조 배터리 등등 생각보다 많은 물건을 들고 다닙니다. 그런 여러분을 위해 어떤 옷에도 잘 어울리는 가방을 추천합니다. 수납공간이 넉넉하면서도 매일 들 수 있고, 너무 튀는 화려한 스타일보다는 잔잔하게 멋스러운 가방들이지요.

두 번째, 수납력 좋고 실용적인 가방입니다. 미니 백의 유행이 휩쓸고 간 패션계에는 보부상들의 설 자리가 점점 좁아졌지요. 그런데 이제 다시 큰 가방이 유행인 시절이 돌아오고 있습니다. 편하고 수납이 잘 되면서도 감각적인 스타일을 완성할 수 있는 '일석삼조' 가방들을 소개합니다.

세 번째, 사회 초년생을 위한 가성비 백입니다. 이제 막 사회에 발을 내딛은 사회 초년생에게 몇 백만 원은 부담이 될 수 있지요. 그렇기 때문에 최대한 가격 면에서 부담을 줄이면서도 출근, 데이트, 모임 등 다양한 상황에 활용할 수 있는 '효자 템'을 추천합니다.

포쉐트 메티스

Pochette Métis

- 사이즈 25x19x7 - 소재 모노그램, 모노그램 리버스 코팅 캔버스, 그레이니 카우 하이드

단조로운 일상에 포인트를 살짝 주고 싶다면, 루이비통 포쉐트 메티스를 추천합니다. 모양 자체는 깔끔하게 떨어지는 사첼 스타일에 적당한 로고를 겸한 가방입니다. 세련되면서도 단정한 분위기를 낼 수 있는 디자인이라서 손이 잘 가는 데일리 가방으로 제격입니다.

루이비통의 역사 깊은 트렁크 버클에서 영감을 받은 시그니처 'S 락' 잠금 장치가 포인트입니다. 모노그램뿐만 아니라 모노그램 리버스 캔버스, 앙프렝트 소가죽 소재로도 출시되는 스테디셀러이지요. 수납공간이 두 칸으로 나뉘어져 공간 활용 또한 용이해서 출근할 때 들기에 제격입니다.

★ Yulluv-Star

수납력 ★★★★☆	크기가 널찍하고 내부에 넓은 한 칸, 앞쪽에 작은 주머니까지 있어서 다양한 물건의 수납이 가능합니다.
가벼움 ★★★★☆	크기에 비해 무게가 가벼운 편이라 출근할 때 매일 드는 가방으로 활용하기 좋습니다. 다만 모노그램이 아닌 가죽 소재는 조금 묵직하게 느껴질 수 있다는 점 참고하세요.
관리 ★★★★★	모노그램의 경우 코팅 캔버스 소재로, 스크래치와 오염 등에 굉장히 강해 관리가 쉽습니다.

● Item Story

우아함을 집약시킨 사첼 백 스타일의 가방입니다. 루이비통의 시그니처 모노그램 캔버스 소재로 제작되었고, 딱 좋은 크기의 내부에는 넉넉한 수납공간이 마련되어 실용적인 가방입니다.

● Wearing Tips

포쉐트 메티스는 위쪽 탑 핸들과 스트랩을 활용하여 다양한 분위기를 연출할 수 있는 가방입니다. 서류 가방처럼 탑 핸들을 이용해서 들면 시크한 분위기가 생깁니다. 길이 조절이 가능한 스트랩으로 크로스 백으로도 연출할 수 있습니다.
원피스나 정장에도 잘 어울리고, 청바지에 티셔츠 같은 캐주얼한 차림에도 찰떡으로 어울리는 가방입니다.

Yulluv's Comment

"유행을 타지 않는 클래식함과 개성, 두 마리 토끼를!"

포쉐트 메티스의 경우 꾸준히 사랑받는 스테디셀러인 만큼 다양한 소재로 출시되는 가방이지요. 추천한 모노그램 캔버스 외에도 리버스 모노그램, 모노그램 앙프렝뜨, 바이컬러 모노그램 앙프렝뜨 등 다양한 스타일에도 도전해보기를 추천합니다.

트렁크 백

Trunk Medium Bag

- 사이즈 23x16x16   - 소재 소가죽(사피아노)

교사로 재직하던 시절에는 최대한 무난하게 튼튼하고 수납이 잘되는 가방을 선호했습니다. 그런 의미에서 마르니 사피아노 트렁크 백은 제 역할을 다했지요. 혹시 출근할 때, 로고가 튀는 디자인이 살짝 부담스러운 분들이라면 이 가방을 적극 추천합니다. 로고 없이도 브랜드의 헤리티지를 고스란히 느낄 수 있는 장점을 가졌으니까요. 스트랩도 다양한 길이로 조절이 가능해서 옷 스타일, 취향에 따라 다르게 멜 수 있습니다. 가죽은 사피아노 소가죽과 카프 스킨 두 종류가 있습니다. 어떤 출근복에나 쉽게 어울리고, 지나치게 화려하지 않으면서 고급스러운 마무리를 할 수 있는 가방입니다.

★ Yulluv-Star

수납력
★★★☆☆
수납 자체가 아주 많이 되는 편은 아니지만 내부가 세 칸으로 나뉘어 있어서 물건을 잘 정돈되게 할 수 있습니다.

가벼움
★★★☆☆
가벼운 가방을 찾는다면 크기에 비해 다소 묵직하게 느껴질 수 있습니다.

관리
★★★★☆
사피아노 가죽은 스크래치에 강하고, 탄탄하게 각이 잡혀 있어 오랫동안 사용해도 모양이 무너지지 않습니다.

● Item Story

마르니는 늘 굉장히 독창적인 컬렉션으로 인기를 끄는데, 독특한 프린트와 패턴, 독창적인 실루엣, 마치 아이가 그린 듯한 그림을 디자인에 활용합니다. 또한 여러 원색 등 뚜렷한 패션관으로 패션 업계의 사랑을 한 몸에 받는 브랜드입니다.

그중 트렁크 백의 경우 꾸준하게 사랑받는 스테디셀러로, 미니멀리즘 디자인과 깔끔하고 모던한 모양이 굉장히 높은 평가를 받는 가방입니다. 크기는 미니, 미디엄이 있는데 어느 정도 수납이 필요한 데일리 가방으로는 미디엄 사이즈가 딱 좋습니다.

● Wearing Tips

트렁크 백의 장점 중 하나는 스트랩 길이를 자유자재로 조절할 수 있다는 것이지요. 가장 짧게 하면 숄더백으로 연출이 가능하고, 가장 길게 하면 크로스 백으로 쓸 수 있습니다.

어떤 옷에도 잘 어울리지만 부드러운 질감의 셔츠와 슬랙스에 매치하면 특히나 예쁜 아이템입니다.

Yulluv's Comment

"컬러 배색의 매력에 빠질 수밖에 없는 잇백"

마르니 트렁크 백은 블랙 계열뿐만 아니라 밝은 톤의 컬러감도 굉장히 잘 쓰는 가방입니다. 상큼하면서도 따뜻한 분위기를 주지요. 그러니 취향에 맞는 다채로운 색을 한번 골라보는 것도 좋겠지요?

클래식
트리옹프 백

Classique Triomphe Bag

- 사이즈 22.5x16.5x7   - 소재 유광 카프 스킨

깔끔함과 화려함을 동시에 느끼고 싶다면 셀린느 클래식 트리옹프 백을 추천합니다. 심플한 스퀘어 형태에 웅장한 트리옹프 로고 포인트가 가방의 매력을 한껏 살려줍니다. 크기는 미니, 틴(스몰), 클래식(미디엄)이 있으며 틴과 클래식 사이즈 모두 데일리용으로 무난하게 사용하기 좋습니다.

셀린느를 대표하는 가방답게 숄더백, 박스 백, 베사체, 트라페즈 등 다양하게 출시되고, 매 시즌 선택의 폭이 점점 넓어지는 가방입니다. 출근할 때 어떤 옷에든 툭 걸쳐주기만 하면 심플하면서도 감각적인 데일리 룩이 완성됩니다.

수납력 ★★★★☆	내부는 크게 한 칸, 앞뒤 얇은 주머니 한 칸이며 파우더, 립스틱 등의 기본 화장품과 자동차 열쇠 등의 수납이 가능합니다.
가벼움 ★★★☆☆	중앙에 큰 트리옹프 금속 장식과 탄탄한 형태를 가져서 무게는 다소 묵직한 편입니다.
관리 ★★★☆☆	탄탄하게 각이 잡혀서 오랫동안 사용해도 모양이 무너지지 않지만, 소재는 부드러운 카프 스킨으로 스크래치에 약합니다.

● Item Story

트리옹프 라인은 1971년 파리 에뚜와르 광장 개선문의 문양에서 영감을 얻은 'C 블라종' 로고를 활용한 라인입니다. 역사 속에 감춰져 있던 이 로고를 피비 파일로의 뒤를 이은 새로운 크리에이티브 디렉터 에디 슬리먼이 2019 FW 컬렉션에서 다시 부활시켰습니다. 트리옹프 라인은 시즌을 거듭할수록 다양한 고객층의 마음을 사로잡으며 완전한 시그니처로 자리 잡았습니다.

● Wearing Tips

트리옹프 라인의 가방은 스타일링을 쉽게 할 수 있다는 점이 가장 큰 장점입니다. 셔츠에 데님, 슬랙스, 정장, 심지어 화려한 패턴의 원피스나 캐주얼한 후드 차림에도 잘 어울립니다.

Yulluv's Comment

"깔끔하면서도 화려하기까지 한 세련된 포인트 백"

셀린느 트리옹프 라인은 시그니처 가방인 만큼 다양한 컬러, 스타일로 출시되고 있습니다. 캔버스 소재에 가죽 라운드가 둘러진 가방도 있고, C 블라종 로고 플레이 캔버스 스타일로도 나옵니다. 취향에 따라 다양한 크기와 형태를 고를 수 있어 선택의 폭이 매우 넓습니다.

해먹 백 스몰

Small Hammock Bag

- 사이즈 13.5x25x30   - 소재 카프 스킨

매일 반복되는 출근길에 기분 전환이 필요하거나 수납이 넉넉하면서도 가벼운 가방을 찾고 있다면, 로에베 해먹 백을 추천합니다. 해먹 백은 정면에서 보면 길쭉한 삼각형이지만 옆으로 펼치면 해먹 같은 모습으로 바뀌는 특징이 있습니다. 형태 자체가 매력적이고 브랜드 고유의 상징성을 가지고 있습니다. 또한 어떤 옷과도 잘 어울리며 때로는 고급스러운 느낌을 줍니다.

부드러운 카프 스킨을 적극 활용했고, 특별한 금속 장식 없이도 브랜드의 헤리티지를 고스란히 느낄 수 있는 가방입니다.

★ Yulluv-Star

수납력 ★★★★★	크기가 널찍하고 안쪽을 펼쳤을 때 열리는 범위가 상당히 넓기 때문에 수납력이 매우 좋습니다.
가벼움 ★★★★☆	금속 장식 등이 없는 깔끔한 스타일로, 크기에 비해 가벼워 데일리로 활용하기 좋습니다.
관리 ★★★★☆	부드러운 카프 스킨이지만 보기보다 스크래치에 강합니다. 물건을 많이 넣어서 생기는 무너짐에만 주의한다면 오랫동안 보기 좋게 사용할 수 있습니다.

● Item Story

로에베 해먹 백은 크리에이티브 디렉터 조나단 앤더슨이 해먹에서 영감을 받아 디자인한 가방입니다. 크기는 미니, 스몰, 미디엄, 라지 총 네 가지가 있으며, 스몰 사이즈가 가장 인기가 많아 색상과 소재가 다양하게 출시됩니다. 이름은 스몰이지만 넉넉한 크기로 웬만한 수납이 충분히 가능한 가방입니다.

● Wearing Tips

위쪽의 탑 핸들들을 이용해 토트백으로 들 수 있고, 가방에 긴 가죽끈을 연결하면 숄더백으로도 연출이 가능합니다. 펼쳤을 때와 접었을 때 느낌이 확 차이 나는 점이 해먹 백의 큰 매력이기도 합니다.
평소 모노톤을 좋아하는 분이라면 해먹 백의 '탄' 컬러를 선택하면 정말 어떤 옷에도 분위기 있게 사용할 수 있습니다.

Yulluv's Comment

"로고 없이도 존재감이 확실한,
누구도 따라 할 수 없는 분위기"

로에베 해먹 백의 경우 탄 컬러가 가장 인기가 많지만 다른 색도 못지않게 매력적인 가방입니다. 대체로 색감이 톤 다운되어 있어서 부담스럽지 않게 포인트를 주기 좋습니다. 은은한 색감에 도전하고 싶은 사람들에게도 추천합니다.

홀스빗
1955 숄더백

Horsebit 1955 Shoulder Bag

- 사이즈 25x18x8   - 소재 GG 수프림 캔버스, 카프 스킨

레트로 유행을 선도했다고 할 수 있는 구찌 홀스빗 1955 숄더백입니다. GG 수프림 캔버스에 소가죽 트리밍(장식)으로 앤틱하면서도 고급스러운 분위기를 풍기는 가방입니다. 가방 끝이 살짝 둥글게 마감된 형태로 귀여운 느낌도 듭니다. 가운데 시그니처 홀스빗 장식에서는 60년의 역사가 담긴 구찌의 헤리티지를 확실히 느낄 수 있습니다.

아이보리 가죽 트리밍, 카프 스킨, 블랙 GG 캔버스, 시즌에 따라서는 데님 소재까지 시그니처답게 여러 소재와 색상으로 나오는 라인입니다. 취향에 따라 고를 수 있는 폭도 매우 넓습니다.

★ Yulluv-Star

수납력 ★★★★☆	가로는 넉넉한 편이지만 너비는 다소 좁아 수납은 몇 가지의 화장품, 휴대폰 정도가 가능합니다. 안쪽에 넓은 한 칸, 앞뒤 얇은 한 칸씩 나눠진 구조이며, 내부에 지퍼 주머니도 있어 내부를 깔끔하게 정리하기 좋은 편입니다.
가벼움 ★★★☆☆	가죽 트리밍, 금속 로고, 앞뒤 주머니 등 다양한 디테일이 가미된 가방인 만큼 크기에 비해 무게감은 다소 묵직하게 느껴질 수 있습니다.
관리 ★★★★★	친환경 소재로 제작된 GG 수프림 캔버스는 코팅감이 살짝 더해진 소재로 스크래치에 매우 강합니다. 전체적으로 각이 잘 잡혀서 모양이 무너질 걱정 없이 사용할 수 있습니다.

● Item Story

2020 크루즈 컬렉션에서 소개된 홀스빗 1955 숄더백은 아카이브 디자인을 재해석한 가방입니다. 약 60년 전 처음 도입된 홀스빗 라인과 형태를 동일하게 사용해 기존 스타일에 현대적인 감성을 더했습니다. 구찌의 독특한 로고를 이은 홀스빗 디자인은 승마 세계에서 가져온 하우스의 상징 중 가장 상징적인 요소이며, 메탈로 장식되어 GG 모노그램 패브릭과 조화를 이뤄 매력을 극대화합니다.

● Wearing Tips

길이를 조절할 수 있는 스트랩을 활용해 숄더백이나 크로스 백으로 착용이 가능합니다. 가방 자체는 레트로한 느낌을 주지만 옷에 따라 클래식한 느낌, 캐주얼한 느낌 등 다양한 분위기를 연출할 수 있습니다. 특히 베이지, 카키 등 따뜻한 색 계열을 좋아한다면 옷장에 있는 어떤 옷과도 잘 어울리는 가방입니다.

Yulluv's Comment

"레트로한 매력에 빠질 수밖에 없는 매력적인 가방"

출시 이후 큰 사랑을 받으면서 미니 백, 탑 핸들 백 등 다양한 형태로 출시되고 있습니다. 평소에 미니 백을 좋아하는 분이라면 홀스빗 미니도 사용하기 좋을 것입니다. 홀스빗 미니에는 특별히 웹스트라이프 스트랩이 포함됩니다.

온더고
MM

OnTheGo MM

- 사이즈 35x27x14   - 소재 모노그램, 모노그램 리버스 코팅 캔버스

넉넉한 크기의 루이비통 헤리티지를 그대로 담은 토트백입니다. 짐을 많이 들고 다닌 다면 주목해보면 좋을 가방입니다. 한 쪽은 모노그램을 확대한 듯한 큰 모노그램으로, 반대쪽은 컬러를 반대로 표현한 리버스 모노그램 캔버스 소재로 제작되어 다채로운 분위기를 풍깁니다. MM보다 크기가 더 큰 GM도 있는데, 시그니처 라인답게 모노그램과 모노그램 리버스뿐만 아니라 바이컬러 모노그램 앙프렝뜨 가죽, 모노그램 앙프렝뜨가 있습니다. 그리고 시즌에 따라 데님 소재까지 다양한 소재로 출시됩니다.

★ Yulluv-Star

수납력 ★★★★★	가로와 높이뿐만 아니라 너비도 굉장히 넉넉한 크기로, 평소 짐이 많고 수납이 많이 필요한 사람들에게 추천합니다. 내부에는 기본 주머니 두 칸과 지퍼 주머니가 있어서 휴대폰이나 카드 지갑 등을 넣을 수 있습니다.
가벼움 ★★★☆☆	크기가 크고 마감이 탄탄한 가방인 만큼 무게는 꽤 나가는 편입니다. 다만 모노그램 캔버스 자체가 가죽에 비해서는 가볍기 때문에 동일한 크기의 가죽 가방과 비교하면 상대적으로 가볍게 느껴질 수 있습니다.
관리 ★★★★★	깔끔하게 각진 모양이라서 시간이 지나도 모양이 대체로 유지됩니다. 또한 루이비통의 시그니처 모노그램 코팅 캔버스는 스크래치와 오염에 굉장히 강해 관리가 쉽습니다.

● Item Story

2019 컬렉션에서 처음 출시된 온더고 라인은 쇼핑백 같은 디자인과 큰 모노그램이 특징입니다. 1968년에 선보였던 루이비통의 유명한 삭 플라에서 영감을 받은 토트백이며 사이즈는 PM, MM, GM이 있습니다. 가장 작은 크기 PM도 가로 길이가 25cm로 넉넉하기 때문에 라인 자체가 '보부상' 맞춤이라고 해도 무방합니다.

● Wearing Tips

위쪽 탑 핸들과 안쪽에 따로 긴 핸들이 있어서, 원하는 스타일에 따라 다른 연출이 가능합니다. 탑 핸들을 활용해 토트백으로 들 수 있고, 긴 핸들은 어깨에 가볍게 걸쳐 숄더백 형태로 사용할 수 있습니다.
출근할 때, 친구 만날 때 언제든 편하고 센스 있게 패션을 완성할 수 있는 가방입니다.

Yulluv's Comment

"다채로운 매력을 느낄 수 있는 실용적인 포인트 백"

크기가 큼직한 가방일수록 멨을 때 체형에 따라 어울리는 사이즈가 각자 다릅니다. 그렇기 때문에 온더고 PM, MM, GM 사이즈 중에 고민한다면 최대한 직접 착용 후 구매하기를 추천합니다. 소재도 다양하기 때문에 더 은은하게 헤리티지를 느끼고 싶다면 모노그램 캔버스보다는 앙프렝트 가죽을 추천합니다.

트리옹프 캔버스 & 카프 스킨 미디엄 버킷

Medium Bucket in Triomphe Canvas and Calfskin Tan

- 사이즈 24x27x18   - 소재 트리옹프 캔버스, 카프 스킨 트리밍

가지고 다니는 물건은 많지만 너무 큰 가방은 부담스러운 사람들을 위한 셀린느 시그니처 버킷 백입니다. 셀린느 트리옹프 캔버스와 탄 컬러의 가죽 트리밍 장식이 앤틱하고 클래식한 분위기를 풍깁니다. 로고 플레이 캔버스임에도 컬러감이 차분해 크게 튀지 않는다는 특징이 있습니다. 긴 가죽 끈을 활용해 숄더백, 크로스 백으로 연출할 수 있으며 슬랙스, 셔츠, 니트 등 대부분의 데일리 룩에 잘 어울립니다.

수납력 ★★★★★	버킷 백의 수납력은 익히 좋다고 알려졌습니다. 이 가방은 밑면 너비가 특히나 넓은 직사각형 형태라 크기에 비해 수납이 정말 잘 됩니다. 높이도 높아서 태블릿이나 다이어리 같은 소지품도 수납이 용이하다는 장점이 있습니다.
가벼움 ★★★★☆	금속 장식이나 디테일을 최소화한 깔끔한 스타일이기 때문에 크기 대비 무게가 가볍습니다.
관리 ★★★★☆	코팅 캔버스 소재로 스크래치가 나지 않고 내구성이 강합니다. 다만 물건을 너무 과하게 넣을 경우 양동이 형태가 울퉁불퉁하게 될 수 있으므로 물건은 적당히 넣기를 추천합니다. 바닥에 놓을 때나 사용할 때 카프 스킨 가죽 트리밍이 부드럽게 가공된 부분의 스크래치는 조심합니다.

● Item Story

지금은 시그니처로 자리 잡았지만, 에디 슬리먼이 처음 로고 플레이 백을 출시했을 때에는 굉장히 파격적인 변신이었습니다. 피비 파일로가 디자인하던 시절, 셀린느는 가죽의 깔끔함을 이용한 미니멀한 디자인이 대표적이었기 때문이지요. 처음의 낯선 느낌을 뒤로 하고 점차 다양한 라인으로 트리옹프 캔버스를 넓혀 나가면서 지금은 셀린느를 대표하는 소재로 자리 잡았습니다.

● Wearing Tips

한쪽 어깨에 툭 걸쳐 멨을 때 큼직한 트리옹프 버킷만의 감성이 잘 느껴집니다. 길이 조절이 가능한 스트랩으로 크로스 백으로도 활용할 수 있으며, 체구가 작은 분이라면 같은 라인의 작은 크기도 추천합니다. 스몰 사이즈도 가로 길이가 18cm로 꽤 넉넉합니다.

Yulluv's Comment

"스타일리시하면서도 다양한 연령대에
모두 잘 어울리는 만능 가방"

셀린느의 버킷 백 라인은 꾸준히 팔리는 스테디셀러이기 때문에, 트리옹프 캔버스뿐만 아니라 퀴르 트리옹프 가죽 등의 소재로 다양하게 출시되고 있습니다. 깔끔한 가죽 스타일을 좋아한다면 퀴르 트리옹프 버킷도 추천합니다. 대학생과 직장인에게 두루 잘 어울리는 디자인으로 명품백에 입문하는 사람이 보면 특히 좋을 가방입니다.

북 토트
라지

Book Tote Large

- 사이즈 42x35x18.5   - 소재 오블리크 자수

디올 북 토트백은 2018년 출시 이후 많은 유명인들에게 사랑을 받고 있습니다. 디올의 메인을 장식하기도 한 토트백 스타일의 가방이지요. 16인치 노트북이 넉넉하게 들어가는 사이즈인 만큼 수납과 스타일 모두 잡고 싶은 보부상들에게 특히 인기가 많습니다. 디자인은 디올의 시그니처 오블리크 자수로 이루어져 화려함과 세련됨을 느낄 수 있고, 가운데에는 디올 레터링으로 깔끔한 마무리를 보입니다. 처음에는 블루 오블리크로만 출시됐지만 인기에 힘입어 레드, 뜨왈, 시즌 자수 등 다양한 스타일과 크기로 출시되고 있습니다.

★ Yulluv-Star

수납력 ★★★★★	넉넉한 가로 길이 42cm, 넓은 폭 18.5cm인 가방으로 큰 물건뿐만 아니라 두께 있는 물건까지 안정감 있게 수납이 가능합니다. 간혹 반려견이 가방 안에 쏙 들어가 있는 사진을 볼 수 있을 만큼 내부 공간 크기는 만점입니다.
가벼움 ★★☆☆☆	바닥뿐만 아니라 옆면과 앞면까지 탄탄하게 각 잡힌 가방으로 무게가 묵직한 편입니다. 핸들로밖에 들 수 없기 때문에 가볍고 실용적인 부분을 중요하게 생각하는 보부상이라면 추천하지 않습니다.
관리 ★★★★☆	디올의 오블리크 자수는 루이비통의 모노그램이나 구찌 수프림 캔버스처럼 코팅된 캔버스는 아니지만, 자수가 견고하게 짜였고 색상이 어두운 편이라 관리가 용이합니다. 핸들 쪽 꺾임만 조심한다면 모양 무너질 걱정도 없는 탄탄한 가방입니다.

● **Item Story**

크리스찬 디올의 크리에이티브 디렉터 마리아 그라치아 치우리가 첫 선을 보인 이후 디올의 시그니처로 자리 잡은 북 토트백은 폰홀더, 미니, 스몰, 미디엄, 라지 총 다섯 가지 사이즈로 출시되고 있습니다. 일부 매장에서는 가방 중앙에 들어가는 'CHRISTIAN DIOR' 대신 원하는 레터링을 새겨주는 맞춤 서비스도 있기 때문에 나만의 가방을 완성할 수도 있습니다.

● **Wearing Tips**

디올 북 토트백은 캐주얼한 무드가 많이 느껴지는 가방이면서도 정장에도 잘 어울리는 매력적인 가방입니다. 시선이 확 가는 가방인 만큼 옷은 패턴이 없거나 단조로운 패턴, 시폰이나 데님 소재로만 된 차림과 같이 들었을 때 매력을 더합니다.

Yulluv's Comment

"어떤 옷에 매칭해도 룩을 멋스럽게 완성시키는 잇백"

대표 시그니처 라인으로 오블리크 자수가 아닌 뜨왈, 시즌 프린팅, 데님 등 시즌마다 다양하게 출시되기 때문에 선택의 폭이 굉장히 넓습니다. 라지 사이즈보다 크기가 작은 미디엄 사이즈도 가로 길이 36cm, 폭 16.5cm로 넉넉하기 때문에 미디엄과 라지 두 사이즈 모두 보부상 맞춤으로 추천합니다.

생루이 백
GM

Saint Louis GM Bag

- 사이즈 40x34x20　- 소재 고야딘 캔버스, 카프 스킨 트리밍

고야드를 대표하는 역사 깊은 라인인 생루이 백은 고야딘 캔버스로 제작된 매우 가벼운 리버서블 가방입니다. 고야딘 캔버스가 밖을 향하도록 연출하거나 내부를 뒤집어 리넨과 코튼 소재의 직물이 드러나도록 사용할 수 있습니다. 핸들과 트리밍은 카프 스킨으로 부드럽게 마무리되어 있으며, 넉넉한 수납공간을 자랑합니다. 무엇보다도 가벼워서 일명 '기저귀 가방'으로 인기가 많습니다.

수납력 ★★★★★	15인치 노트북이 넉넉하게 들어갈 만큼 넓은 수납공간을 가졌습니다. 부드럽게 흐르는 듯 얇은 소재의 쇼퍼 백 스타일로 웬만한 여행 짐은 다 들어가는, 그야말로 '찐 보부상'을 위한 가방입니다.
가벼움 ★★★★★	생루이 백은 제가 사용한 가방 1,000여 개 중에 가볍기로 다섯 손가락 안에 듭니다. 크기 대비 무게감으로 본다면 단연 1등이라고 할 정도로 가벼운 소재로 만들어졌습니다.
관리 ★★★★☆	고야드의 고야딘 캔버스는 코팅된 소재로 스크래치와 오염에 매우 강합니다. 다만 생루이 백은 가방 크기에 비해 핸들이 매우 얇기 때문에 사용하는 스타일에 따라 핸들 경계 부분이 해지는 느낌으로 처질 수 있습니다. 사용하거나 보관할 때 지나치게 꺾이지 않도록 신경 써야 합니다.

● Item Story

고야드를 상징하는 고야딘 캔버스는 1892년에 만들어진 역사 깊은 소재이며, 수작업으로 여러 개의 점을 찍어 Y가 얽혀 있는 듯한 모양을 보입니다. 생루이 백은 PM, GM 두 사이즈가 있으며, 동일한 형태 중 내부가 리넨이 아닌 가죽으로 된 앙주 백, 지퍼가 있는 아르투아 백 또한 스테디셀러로 꾸준히 사랑받고 있지요.

● Wearing Tips

고야드 생루이 백은 꾸민 듯 안 꾸민 듯한 옷차림과 긴 치마를 입었을 때 가장 빛납니다. 어느 스타일이든 쉽게 어울린다는 장점이 있습니다. 짐이 많은 보부상이지만 스타일도 포기하고 싶지 않은 분들에게 특히 추천하는 가방입니다.

Yulluv's Comment

"세월이 흐를수록 진정한 매력을 느낄 수 있는,
볼수록 멋스러운 가방"

20대 때는 매력을 몰랐는데 시간이 지날수록 예뻐 보인다는 후기로 가득한 가방이 바로 이 생루이 백이 아닐까 싶습니다. 시간이 지나도 질리지 않고, 오히려 시간이 흐르며 손때가 타면 탈수록 매력을 더 많이 느낄 수 있습니다. 게다가 실용적이기까지 하니 이만한 가방이 어디 있을까요?

우디 미디엄 토트백

Medium Woody Tote Bag

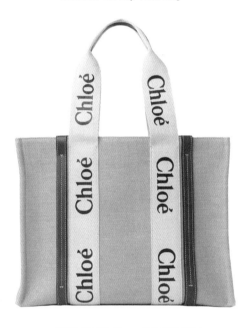

- 사이즈 37x26x12　　- 소재 리넨 캔버스

그동안 큰 사이즈 가방이 많지 않았던 끌로에 브랜드에 새로운 바람을 불러일으킨 우디 미디엄 토트백입니다. 2021년에 출시되자마자 뜨거운 반응을 이끌어내며 매 시즌 여러 색, 크기, 그리고 가죽 라인까지 확대되었지요. 그야말로 새로운 시그니처 라인이라고 할 수 있습니다. 캐주얼한 리넨 캔버스 소재에 샤이닝 가죽 트리밍, 그리고 끌로에 레터링이 된 스트랩이 눈길을 사로잡습니다.

★ Yulluv-Star

수납력
★★★★★
우디 미디엄 토트백은 가로가 37cm로 굉장히 넉넉한 크기의 가방입니다. 13인치 노트북이 들어가는 크기이기 때문에 미디엄이지만 짐 많은 사람들에게 충분한 가방입니다.

가벼움
★★★★☆
크기가 크지만 가벼운 리넨 캔버스 소재를 사용해 무게는 가벼운 편입니다.

관리
★★★☆☆
탄탄한 직조로 짜여 어느 정도 각이 잡혀 있고, 무너짐에는 매우 강합니다. 하지만 코팅된 캔버스나 가죽에 비해서는 이염에 약한 편입니다. 음식이나 틴트 등이 묻지 않도록 신경 쓰면 좋습니다.

● Item Story

2021년 처음 출시되었을 때, 보편적인 토트백 크기인 미디엄과 라지 사이즈를 선보였습니다. 이후 나노, 미니, 스몰, 바스켓(스몰/미디엄) 사이즈 등 다양한 크기로 된 가방을 출시하며 굳건한 시그니처 라인으로 자리 잡았지요. 특히 스몰과 나노 토트백에는 스트랩이 추가되어 귀여운 크로스 백으로도 연출할 수 있습니다.

● Wearing Tips

리넨 캔버스 소재의 특성상 여름에 특히 빛이 나는 가방이라고 할 수 있습니다. 간단한 티셔츠와 청바지 차림에도 정말 잘 어울리고, 긴 원피스와 매칭하면 휴양지 느낌까지 낼 수 있습니다.

Yulluv's Comment

"가벼움, 수납, 가격까지 세 마리 토끼를!"

리넨 캔버스뿐만 아니라 스웨이드, 펠트, 재생 니트 코튼, 가죽 등 다양한 소재로도 나오기 때문에 원하는 분위기에 따라 선택의 폭이 굉장히 넓습니다. 크기가 가장 큰 라지 사이즈는 가로가 45cm로 더 넉넉합니다. 13인치 이상 노트북을 수납하고 싶은 보부상이라면 라지 사이즈를 추천합니다.

두 가지 크기 모두 백만 원 초반대로 구매가 가능합니다. 가성비, 실용성, 디자인 세 마리 토끼를 잡았다고 볼 수 있지요.

아바 백

Ava Bag

- 사이즈 23x13.5x6   - 소재 트리옹프 캔버스, 카프 스킨

　　몇 년 전부터 이어져오는 호보 백 유행에 큰 획을 차지하는 아바 백입니다. 아치형 디자인으로 부드럽고 세련된 매력이 느껴집니다. 트리옹프 캔버스를 활용해 클래식한 분위기도 풍깁니다.

　　어떤 복장에도 부담 없이 잘 어울리는 디자인이라 사회 초년생에게 특히 추천합니다.

수납력	가로 23cm의 꽤 넉넉한 크기이지만 반달 형태로 되어서 수납력이 좋은 편은 아닙니다. 평소에 들고 다니는 파우더, 립스틱 등의 화장품과 이어폰, 휴대폰 등의 가벼운 수납이 가능합니다.
★★★☆☆	
가벼움	호보 백 스타일로 가벼움이 장점입니다. 트리옹프 캔버스에 가죽 트리밍 장식으로 무거운 디테일이 없어 매일 들기 좋습니다.
★★★★★	
관리	셀린느의 트리옹프 코팅 캔버스는 색상이 짙고 코팅이 되어서 오염에 매우 강합니다. 만약 작은 오염이 발생했을 때는 부드러운 수건으로 닦아주면 깔끔하게 유지가 가능합니다.
★★★★★	

● Item Story

호보 백은 2000년대 초, 그 시절 패셔니스타 패리스 힐튼과 올슨 자매가 자주 들어서 트렌드가 되었습니다. 셀린느의 트리옹프 캔버스와 탄 컬러 트리밍의 조화가 레트로한 분위기를 극대화합니다.

● Wearing Tips

웜톤 계열의 옷을 좋아한다면 특히 추천하는 가방입니다. 브라운 계열의 분위기 있는 색감으로 가을, 겨울에 멋스러운 스타일링을 할 수 있습니다. 은근히 여름 소재와도 잘 어울려서 청바지에 흰 티셔츠 차림과도 찰떡입니다.

Yulluv's Comment

"클래식함과 앤틱함을 동시에 느낄 수 있는 트렌디 백"

셀린느 아바 호보 백은 기본 크기 외에도 미니, 스트랩 미디엄 사이즈 등 다양하게 매 시즌 출시되는 시그니처 가방입니다. 또한 자카드와 카프 스킨, 퀼트 나일론, 트리옹프 캔버스, 카프 스킨 등 소재도 다양하기 때문에 취향에 따라서 고를 수 있는 폭도 매우 넓습니다. 워낙 가볍고 실용적인 가방이기 때문에 유행이 지나더라도 손이 갈 것 같은 아이템 1순위입니다.

5AC
버킷 백

5AC Bucket Small

- 사이즈 14x15x12   - 소재 그레이니 카프 스킨

　메종마르지엘라 5AC 버킷 백은 젊은 층을 중심으로 꾸준하게 인기가 좋은 시그니처 가방입니다. 크지 않은 사이즈이지만 버킷 백답게 수납력이 좋아서 데일리 출근 가방으로도 손색이 없지요. 가격대도 200만 원 이하로 구매할 수 있기 때문에 실용적이면서도 예쁜 첫 명품 가방을 고민하는 사회 초년생들에게 특히 추천합니다.

★ Yulluv-Star

수납력
★★★★☆

바닥이 거의 정사각형에 가까운 모양이라 크기 대비 수납이 잘 되는 가방입니다. 위쪽을 파우치 형태로 넉넉하게 넣어 여밀 수 있어 통 파우치, 작은 수첩 등 웬만한 물건은 들어갑니다.

가벼움
★★★★☆

체인이 가볍고 얇은 편이라 체인 백이지만 무게가 가벼운 편입니다. 또한 스트랩을 탈부착할 수 있습니다. 탑 핸들로 사용할 경우 탈착 후 더욱 가볍게 활용이 가능합니다.

관리
★★★★★

5AC 버킷 백은 겉 표면이 오돌토돌한 그레이니 카프 스킨 소재로 되어 있습니다. 민자 카프 스킨에 비해 스크래치에 강하고, 스크래치가 나더라도 티가 덜 나기 때문에 관리하기 용이합니다. 또한 바닥 면에는 네 개의 스터드가 지지하기 때문에 바닥 면이 마모될 걱정 없이 편하게 사용 가능합니다.

● Item Story

5AC 라인은 프랑스어 'SAC(가방)'에서 이름을 따온 아이코닉한 라인입니다. 가방 라인 자체가 다양한 편은 아니지만 그중 시그니처인 5AC는 버킷 백, 클래식 백 등 꾸준한 사랑을 받고 있습니다. 특히 미니멀리즘하고 센스 있는 디자인으로 MZ세대의 마음까지 사로잡았습니다.

● Wearing Tips

안쪽에 있는 가죽 탑 핸들을 활용해 탑 핸들 버킷 백으로 이용할 수 있습니다. 체인 스트랩을 이용하면 크로스 백, 숄더백으로 활용 가능하며 탈부착이 가능하기 때문에 다양한 스타일링을 할 수 있습니다. 크로스 백으로 사용할 때는 탑 핸들을 안쪽으로 쏙 숨기면 된다는 점도 5AC 버킷 백의 장점입니다.

Yulluv's Comment

"젊은 감성과 실용성을 동시에 느낄 수 있는 가방"

유행을 타지 않는 깔끔한 디자인으로 20대 초반부터 30대까지 두루두루 어울립니다. 로고가 튀거나 화려한 스타일을 좋아하지 않는 사람들에게 특히 추천합니다. 트렌치코트와도 잘 어울리고, 슬랙스, 니트 등 다양한 데일리 룩에 잘 어울리는 매력 만점 가방입니다.

리에디션 사피아노 트리밍 리나일론 호보 백

Re-Edition 2005 Re-Nylon Mini Bag

- 사이즈 22x18x6.5   - 소재 리나일론, 사피아노

　가벼운 리나일론 소재와 실용적인 디자인으로 꾸준히 인기가 많은 프라다의 시그니처 호보 백입니다. 프라다의 제2 전성기를 이끈 가방이라고 해도 과언이 아닐 정도로 실용성과 디자인 두 마리 토끼를 모두 잡은 가방입니다.

　가격도 부담스럽지 않은 100만 원 중반대이고,, 너무 튀지 않으면서도 센스 있는 명품 백을 찾는 사회 초년생에게 추천합니다. 색깔도 정말 다양하기 때문에 톡톡 튀는 색으로 개성을 표현해보는 것은 어떨까요?

항목	평가	설명
수납력	★★★★☆	가로 길이가 22cm이지만 평평한 바닥과 꽤 넓은 앞면으로 크기 대비 수납이 좋은 편입니다. 리나일론 소재의 유연성 또한 수납을 더욱 용이하게 합니다.
가벼움	★★★★★	프라다의 대표 소재인 포코노 나일론은 낙하산 또는 군용 텐트에 주로 사용되는 소재로 질기면서도 매우 가볍습니다. 가벼운 가방을 찾는 분이라면 꼭 추천합니다.
관리	★★★★★	리나일론 가방의 경우 기본적인 방수, 방오 처리가 되어 있기 때문에 관리가 매우 용이합니다. 다만 밝은 색은 틴트 등이 오염되면 깨끗하게 지워지기 어려울 수 있으니 착색이 되는 물건은 늘 주의하는 것이 좋습니다.

● Item Story

프라다 리에디션 2005 호보 백은 아이코닉한 미니 호보 백에서 영감을 얻어 탄생했습니다. 리나일론은 해양에서 수거한 플라스틱과 어망, 직물 섬유를 정화해 얻은 재생 나일론 연사입니다. 가방을 만드는 데 리나일론을 사용했다는 점, 환경을 사랑하는 분이라면 주목하세요.

● Wearing Tips

디자인 자체가 워낙 깔끔하고 심플하기 때문에 옷차림에 구애를 거의 받지 않는 편입니다. 다만 숄더로 메고 싶다면 너무 두꺼운 패딩 등의 옷은 피하는 편이 좋고, 셔츠에 슬랙스 등 출근복에 메면 그야말로 금상첨화입니다.

Yulluv's Comment

"심플함 속에서 느낄 수 있는 프라다의 상징 그 자체"

시그니처 라인인 만큼 리나일론, 리나일론 패딩, 크리스털 스터드, 사피아노 등 다양한 소재와 색깔로 출시되고 있습니다. 깔끔한 호보 백뿐만 아니라 스트랩에 포인트 주머니가 달린 디자인도 있기 때문에 스포티한 느낌을 좋아한다면 더더욱 주목하면 좋을 가방입니다.

GG 마몽 마틀라세 미니 백

GG Marmont Mini Shoulder Bag

- 사이즈 18x12x6   - 소재 카프 스킨

2018 캐리오버 컬렉션에 출시된 이후 꾸준히 사랑받고 있는 구찌의 대표 시그니처 마몽 라인의 카메라 백입니다. 카메라 백 특유의 젊은 감성과 넉넉한 수납력, 편한 스타일링은 사회 초년생에게 이 가방을 추천하는 가장 큰 이유라고 할 수 있지요. 무난한 듯하면서도 구찌의 정체성이 느껴지는 가방으로, 어느 옷이든 큰 영향 받지 않고 매일 들기 좋은 디자인입니다.

★ Yulluv-Star

수납력
★★★★☆

옆면이 6cm로 넉넉한 카메라 백 스타일이라 크기 대비 수납력이 좋습니다. 평소 가지고 다니는 화장품, 휴대폰, 이어폰 등 알차게 수납이 가능해요.

가벼움
★★★★☆

전체적으로 부드러운 카프 스킨으로 되어 있고, 디테일이 많지 않은 가방이라서 무게는 가벼운 편입니다.

관리
★★★☆☆

앞면, 뒷면에 쉐브론 퀼팅이 통통하게 들어가 스크래치는 크게 두드러지지 않는 가방이지만, 워낙 부드러운 카프 스킨이다 보니 체인 눌림, 찍힘 등은 조심하는 편이 좋습니다.

● Item Story

처음 쉐브론 퀼팅으로 출시 이후 사선 퀼팅, 수직 퀼팅 등 시즌마다 조금씩 변화를 주며 꾸준히 출시되고 있는 가방입니다. 마몽 특유의 클래식한 분위기는 유행을 타거나 질리지 않고 오랫동안 사용하기 좋다는 것이 큰 장점입니다.

● Wearing Tips

깔끔한 카메라 백 스타일로 스타일링이 매우 쉬운 가방입니다. 다만 체인 스트랩의 길이가 꽤 긴 편이라 키가 큰 사람에게 더 알맞게 어울릴 수 있습니다. 키가 작은(155cm) 저의 기준에서는 숄더로 착용했을 때 골반 살짝 아래쪽에 위치하는 길이라는 점 참고하세요!

Yulluv's Comment

"미니 사이즈를 선호하지만 수납도 포기하고 싶지 않다면?"

지금 소개한 미니 사이즈 외에도 스몰 사이즈가 있습니다. 가로 24cm의 더 넉넉한 크기이기 때문에 가볍게 들기 좋습니다. 수납을 중요하게 보는 분이라면 스몰도 추천합니다. 색깔도 블랙, 아이보리, 핑크베이지, 레드, 오리지널 G 캔버스 등 다양하기 때문에 취향에 맞게 고르기 정말 좋은 라인입니다.

엔벨로프
체인 지갑

Envelope Chain Wallet

- 사이즈 19x12.5x3.5   - 소재 카프 스킨

생로랑의 시크하고 도시적인 분위기가 물씬 느껴지는 체인 지갑입니다. '체인이 달린 지갑'이라는 명칭답게 미니 백이며, 내부에 카드 넣는 공간이 있기 때문에 따로 지갑을 들고 다니지 않아도 됩니다. 생로랑의 정체성이 확실하게 느껴지면서도 과하지 않은 디자인이기 때문에 사회에 첫발을 내딛은 사회 초년생이라면, 어느 옷에나 부담 없이 매칭할 수 있는 스타일로 추천합니다.

★ Yulluv-Star

수납력 ★★★☆☆	가로는 19cm이지만 폭이 3.5cm로 굉장히 얇은 편이기 때문에 수납은 잘 되지 않는 편입니다. 특유의 단단한 바디까지 더해져 유연한 수납이 어렵습니다. 파우더, 립스틱, 이어폰 등의 수납은 가능합니다.
가벼움 ★★★★☆	탄탄하게 각 잡힌 스타일에 체인도 꽤 무게를 차지하기 때문에 사이즈 대비 무게가 나갑니다. 다만 워낙 사이즈가 작기 때문에 절대적인 무게 자체는 크지 않아 데일리 백으로 사용하기에 무난한 정도입니다.
관리 ★★★★☆	오돌토돌 자갈과 같은 그레이니 카프 스킨으로 만들어져 스크래치에 매우 강한 특징이 있습니다. 또한 바닥면이 탄탄하게 덧대어진 스타일이라서 모양이 무너질 걱정은 하지 않아도 됩니다. 다만 손이 많이 닿는 플랩 쪽 모서리가 마모될 수 있기 때문에 조심하는 편이 좋습니다.

● Item Story

생로랑 체인 지갑은 매 시즌 새로운 색상으로 출시되는 대표적인 시그니처 라인입니다. 체인의 색상도 골드, 실버로 다양하기 때문에 나에게 잘 어울리는 가방을 찾기 굉장히 좋습니다. 아랫면이 살짝 둥글고 조금 더 큰 사이즈, 믹스 마틀라세 등의 스타일이 있습니다.

● Wearing Tips

생로랑의 깔끔하고 심플한 분위기를 느낄 수 있는 가방입니다. 미니멀하고 정장 옷차림을 좋아하는 분에게 특히 추천합니다. 체인은 탈부착이 가능하기 때문에 체인을 떼고 클러치처럼 활용하면 새로운 분위기로도 연출이 가능합니다.

Yulluv's Comment

"유행을 타지 않는 클래식한 생로랑을 담은 미니 백"

생로랑의 경우 가격대가 클러치 80만 원대부터 시즌 백의 경우 900만 원대까지 다양합니다. 체인 지갑은 유행을 타지 않아 오래 사용할 수 있고, 가격대까지 170만 원대로 부담이 적은 편입니다. 가볍고 깔끔하게 사용할 미니 백을 찾는 분이라면 한 번쯤 둘러보면 좋을 가방입니다.

POINT
BaG

특별한 날을 위한 가방

디자인이 눈을 사로잡는 포인트 백

중요한 모임을 위한 척척박사 가방

미니멀리스트를 위한 깔끔한 가방

명품 가방은 데일리 백으로도 구매하지만 특별한 날, 특별한 기분으로 메고 싶어서 구매하는 경우도 많습니다. 이런 소중하고 중요한 날을 더욱 완벽하게 만들어줄 가방들을 소개합니다. 아무래도 데일리 백으로 고를 때와는 조금 다른 분위기와 기준으로 가방을 보는 것이 좋겠죠?

첫 번째, 디자인이 눈을 사로잡는 포인트 백입니다. 특별한 날 들고 싶은 가방인 만큼 독창적이고 시선 집중되는 디자인을 고르고 싶은 마음! 화려한 포인트 백은 밋밋한 옷을 입더라도 마무리 스타일링을 멋지게 완성할 수 있다는 장점이 있어요. 무난하고 일상적인 스타일과는 또 다른 나의 새로운 개성을 보여줄 수 있는 가방들을 보여드릴게요.

두 번째, 중요한 모임을 위한 척척박사 가방입니다. 다양한 사람들과 관계를 맺으며 살아가면서 결혼식, 돌잔치, 상견례 등 모임에 어떤 가방을 메고 가야할지 고민될 때가 많습니다. 너무 튀지 않으면서도 고급스러운, 이른바 우아한 가방들이 이런 자리에 딱이겠죠? 로고가 은은하게 들어간 가방, 로고 없이도 은은하게 우아함을 풍기는 가방, 로고 플레이를 고급스럽게 표현한 가방 등 다양한 가방들을 소개할게요.

세 번째, 미니멀리스트를 위한 깔끔한 가방입니다. 미니멀리스트라면 응당 깔끔하고 정갈한 디자인에 끌리기 마련입니다. 그렇지만 가끔은 일상과는 달리 특별하게 스타일링하고 싶은 날도 있지요. 깔끔하면서도 브랜드의 상징성을 잘 담은, 매력적인 가방들을 고른다면 특별한 날마다 만족스럽게 사용할 수 있겠죠? 옷장을 특별하게 꾸며줄 수 있는 미니멀하고 센스 있는 디자인을 보여드릴게요.

미우 완더 마테라세 호보 백

Miu Wander Matelassé Hobo Bag

- 사이즈 29x24x9.5   - 소재 리나일론, 나파 가죽

미우미우의 사랑스러움을 가득 담고 있는 미우 완더 마테라세 호보 백입니다. 2022년 처음 출시되자마자 특유의 상큼함으로 큰 인기를 끌었습니다. 이후 미우 완더 마테라세 나파 가죽 호보 백까지 출시되며 시그니처 라인으로 입지를 넓히고 있습니다. 미우미우 시그니처 마테라세 퀼팅에 톡톡 튀는 컬러감까지 더해져 핑크, 옐로, 그린 등으로 다채롭고 새로운 느낌을 연출할 수 있습니다. 존재 자체로 정말 귀여운 가방입니다.

★ Yulluv-Star

수납력 ★★★★☆	넉넉한 가로 크기에 폭도 9.5cm로 매우 넓기 때문에 수납이 잘되는 편입니다. 특히 리나일론 소재의 경우 유연해서 가죽보다 좀 더 편안한 수납이 가능합니다.
가벼움 ★★★★☆	매우 가벼운 리나일론 소재로 사이즈 대비 가볍게 사용이 가능합니다. 가죽은 나일론보다는 무게가 나가는 편이지만, 가죽도 크게 무겁지 않기 때문에 부담스럽지 않게 어깨에 걸쳐 사용할 수 있습니다.
관리 ★★★☆☆	미우미우의 마테라세 퀼팅은 견고하고 짜임새 있게 반복되기 때문에 스크래치에는 강한 편입니다. 다만 가방 형태가 각지지 않고 유연해서 물건을 많이 넣고 다닐 경우 모양이 무너질 수 있으니 유의하세요.

● Item Story

미우 완더 호보 백은 시즌마다 새롭게 해석되며 미우미우 컬렉션의 아이코닉한 라인으로 자리 잡았습니다. 마테라세 리나일론과 나파 가죽, 두 소재가 있으며 퀼팅에 의한 오동통한 질감이 특징입니다. 레트로한 영감과 현대적인 우아함이 동시에 느껴지는 호보 실루엣은 흔하지 않은 멋을 주어 포인트로 들기 제격입니다.

● Wearing Tips

캐주얼한 무드와 특히 잘 어울리는 가방으로, 평소 맨투맨이나 후드, 긴 치마 등을 좋아하는 사람이라면 쉬우면서도 센스 있게 스타일링할 수 있습니다. 나일론 소재로 된 가방에는 이어폰 주머니가 함께 달려 있어 독특한 매력을 풍깁니다. 가죽으로 된 미니백에는 긴 스트랩도 있어서 크로스 백으로도 연출이 가능합니다.

Yulluv's Comment

"혜성처럼 등장한,
사랑스러움과 트렌디함을 모두 담은 잇백"

미우미우 본연의 사랑스러움에 트렌디한 감성까지 더해진 멋스러운 디자인의 가방입니다. 소재뿐만 아니라 색상 또한 워낙 다채롭게 나오기 때문에 색으로 포인트를 주고 싶은 분이라면 특히 추천하는 라인입니다. 어떤 옷을 입어도 귀여움을 한 스푼 추가하지요!

22 백

22 Bag

- 사이즈 39x42x8 - 소재 유광 카프 스킨

샤넬의 시그니처 라인 중 가장 신상인 버지니 비아르의 2022년 컬렉션 가방입니다. 툭 걸쳐 멘 듯한 멋진 디자인과 캐주얼한 분위기를 느낄 수 있습니다. 샤넬 22 라인은 포멀하고 클래식한 가방과는 조금 다른 독창적이고 편안한 매력이 있어요. 로고가 튀지 않으면서, 가죽 엮임 체인과 메달리온 금속 안에 새겨진 은은한 레터링 포인트는 새로움을 기다렸던 많은 이들을 열광하게 했습니다. 큰 인기를 끌면서 옐로, 골드, 실버, 민트 등 다양한 컬러로 출시되고 있고, 단순한 옷차림에도 센스를 불어넣는 스타일링이 가능한 잇템입니다.

★ Yulluv-Star

수납력
★★★★☆

가로 39cm, 세로 42cm의 넉넉한 크기로 널찍한 수납공간을 가졌습니다. 다만 위쪽을 여미는 형태로 착용하기 때문에 안을 너무 꽉 채워 사용하는 것보다는 살짝 여유 있고 자연스러운 형태가 유지되는 정도로 사용하는 것을 추천합니다.

가벼움
★★★☆☆

큼직한 가죽 엮임 체인이 활용되어 다소 묵직하게 느껴질 수 있습니다. 다만 가방 바디 자체의 무게는 가볍기 때문에 각이 진 탄탄한 가죽 가방에 비하면 데일리로 사용하기에 무난한 편입니다.

관리
★★★☆☆

다이아몬드 퀼팅이 들어간 유광 카프 스킨으로 스크래치에 강합니다. 다만 각이 잡혀 있지 않은 가방이다 보니 모양 무너짐에 약한 편입니다. 사용과 보관 시 내부를 과하지 않게 채우고, 울퉁불퉁한 바닥에는 놓지 않는 것이 좋습니다.

● Item Story

버지니 비아르의 회심의 아이템으로 출시된 2022 SS 신상 라인입니다. 샤넬 19 백이 2019년도에 출시되어 19 백 이름이 붙은 것과 같이 22 백 또한 2022년에 탄생해 만들어진 이름입니다. 스몰, 미디엄, 라지 사이즈로 첫 출시된 이후 엄청난 인기를 얻으며 최근 미니 사이즈와 백팩 스타일도 새롭게 추가된, 그야말로 핫 아이템입니다.

● Wearing Tips

특유의 부드럽고 유연한 분위기를 풍기며 호보와 버킷을 섞은 듯한 디자인이 특징입니다. 재킷이나 원피스 등과 같은 옷과 매칭하기 좋고, 루즈하고 편안한 옷차림에도 특히 잘 어울리는 스타일이에요. 꾸민 듯 안 꾸민 듯 트렌디하면서도 편안한 차림을 좋아하는 분이라면 매일 활용도 좋게 사용할 수 있습니다.

Yulluv's Comment

"진정한 패셔니스타라면 누구나 꿈꾸는 매력적인 디자인!"

수납과 스타일, 두 마리 토끼를 모두 잡고 싶은 사람에게 특히 추천합니다. 한쪽 어깨에 자연스럽게 걸쳐 메는 22 백은 기존 샤넬의 시그니처였던 가브리엘 백팩 라인을 떠올리게 하는데요. 가브리엘 백팩이 세련되면서도 아담한 귀여움을 가졌다면, 22 백은 훨씬 더 러프하고 내추럴한 분위기를 느낄 수 있어요. 가장 최근 출시된 미니 사이즈는 가로 20cm, 높이 19cm로 기존 스몰 사이즈(35x37cm)에 비해 확연히 작아졌고, 크로스와 호보 두 가지 스타일로 활용이 가능하다는 특징이 있어 취향에 따라 고르기도 좋겠죠?

발렌티노	체인 백	디자인이 눈을 사로잡는 포인트 백	420만 원대

나파 가죽 로만 스터드 숄더 체인 백 미디엄

Medium Roman Stud The Shoulder Bag in Nappa with Chain

- 사이즈 25x16x10   - 소재 나파 양가죽

발렌티노의 시그니처 스터드를 새로운 무드로 재해석한 로만 스터드 라인의 숄더 체인 백입니다. 기존의 스터드보다 확연히 커진 크기와 옐로 골드의 화려한 컬러감으로 패션에 포인트를 주는 가방입니다. 외출 시에 필요한 화장품과 소지품을 편안하게 수납할 수 있는 넉넉한 사이즈가 큰 장점입니다. 핸들과 체인 모두 탈부착이 가능하기 때문에 어떤 옷을 입느냐에 따라 체인 백, 탑 핸들 백, 클러치 등 다양한 스타일로 활용할 수 있습니다.

★ Yulluv-Star

수납력
★★★★☆

가로가 25cm로 일상 소지품 수납이 편안하게 가능합니다. 폭도 10cm로 굉장히 넉넉하기 때문에 부피감 있는 물건까지 넣을 수 있는 수납력 좋은 체인 백입니다.

가벼움
★★☆☆☆

큰 스터드와 볼드한 체인으로 장식된 만큼 무게가 꽤 많이 느껴지는 가방입니다. 가벼운 가방을 찾는 분들에게는 추천하지 않을 만큼 묵직한 무게감을 가졌습니다.

관리
★★★☆☆

부드러운 나파 양가죽 소재의 가방으로, 스크래치나 찍힘 등을 주의해서 사용해야 합니다. 발렌티노의 나파 양가죽은 부드러우면서도 꽤 튼튼하게 가공이 되어 있지만 보관이나 사용 시 손톱 찍힘, 스터드 눌림 등은 신경 쓰는 편이 좋겠습니다.

● Item Story

아이코닉한 락스터드 백을 재해석한 로만 스터드 백은 발렌티노를 대표하는 제품 중 하나입니다. 로마 건축 양식에서 찾아볼 수 있는 벽돌 모양의 스터드로 장식되어 있습니다. 2021 리조트 컬렉션에서 처음 공개된 이 가방은 견고한 나파 양가죽 소재에 퀼팅으로 포인트를 주고, 매크로한 스터드 금속 장식으로 모던함과 화려함을 더해 출시 이후 꾸준한 사랑을 받고 있습니다.

● Wearing Tips

발렌티노의 화려한 멋을 느낄 수 있는 가방입니다. 올 블랙의 시크한 차림을 좋아한다면 포인트 백으로 더할 나위 없습니다. 화려한 패턴의 옷보다는 단조로운 옷에 스타일링을 할 때 더욱 빛이 납니다.

Yulluv's Comment

"크기가 커진 스터드만큼 존재감도 확실해진 가방"

로만 스터드 체인 백은 스몰, 미디엄, 라지 등 다양한 사이즈와 컬러로 매 시즌마다 출시됩니다. 체구가 작다면 스몰과 미디엄 사이즈를 추천하며, 러프한 스타일을 원한다면 라지 사이즈도 추천합니다. 특히 검정색뿐만 아니라 발렌티노의 시그니처 색상인 로즈카넬 색도 로만 스터드 디자인과 정말 잘 어울리기 때문에 색감 있는 포인트 백으로 좋습니다.

새들
스트랩 백

Saddle Bag with Strap

- 사이즈 25.5x20x6.5　- 소재 그레이니 카프 스킨

2018 FW 컬렉션에서 선보인 디올 새들 백은 곡선형의 유니크한 디자인이 특징입니다. 오블리크 자수, 뜨왈 드 조이 자수, 데님, 그레이니 카프 스킨 등 다양한 소재로 매 시즌마다 출시되는 디올의 대표적인 시그니처 라인입니다. 모양 자체가 워낙 독특해 그 자체로 포인트가 되지요. 특별한 날, 특별한 기분을 내고 싶다면 그야말로 제격인 가방입니다. 조절이 가능한 얇은 탈부착 스트랩이 있어 핸드백, 숄더백, 크로스 백 등으로 다양하게 연출할 수 있습니다.

★ Yulluv-Star

수납력 ★★☆☆☆	가로가 25.5cm로 수납이 넉넉할 것 같지만, 옆면이 두 갈래로 나뉜 독특한 내부 디테일과 말의 안장 같은 곡선 모양으로 인해 수납력은 거의 미니 백과 흡사합니다. 립스틱, 파우더, 휴대폰, 이어폰 케이스 정도의 가벼운 수납만 가능합니다.
가벼움 ★★★☆☆	볼드한 D 로고 디테일과 양 옆 CD 로고, 그리고 디테일이 많이 들어간 디자인이기 때문에 무게감은 크기 대비 묵직한 편입니다. 매일 들기에 부담스러울 정도는 아니지만 가벼운 가방을 기대한다면 자칫 실망할 수 있는 무게감이라는 점 참고하세요.
관리 ★★★★☆	오돌토돌 그레이니 카프 스킨으로 스크래치에 강합니다. 가죽뿐만 아니라 오블리크 자수 또한 관리가 쉬운 편이기 때문에 오염이나 스크래치 등에 크게 신경 쓰지 않고 사용이 가능합니다.

● Item Story

디올의 새들 백은 2000 SS 컬렉션에서 선보였던 제품입니다. 1999년, 당시 디올의 디자이너였던 존 갈리아노가 승마 세계에 영향을 받아 말 안장 형태에 'D' 디테일로 장식해 디자인을 완성했습니다. 이후 마리아 그라치아 치우리가 아이코닉한 새들 백에 새로운 아이디어를 불어넣으며 화려하게 부활했고, 다양한 색, 소재, 사이즈로 출시되고 있습니다.

● Wearing Tips

어떤 옷에도 존재감을 확실하게 드러내는 세련된 포인트 백입니다. 우아한 곡선을 따라 흐르는 디올의 정체성을 담았습니다. 게다가 스트랩을 추가해 만들 수 있는 다양한 스타일링까지, 하나만 있으면 특별한 기분을 내고 싶을 때마다 만족스럽게 활용할 수 있습니다.

Yulluv's Comment

"모양 그 자체가 작품이 될 수 있음을 보여준 스테디셀러"

새들 백은 말의 안장에서 영감을 받아 만들어진 디올의 시그니처 가방입니다. 디자인 자체만으로도 기품을 풍기는 가방이기 때문에 포인트 백을 찾는다면 꼭 착용해보기를 추천합니다. 다만 사용하기 편한 실용적인 디자인은 아니라는 점은 꼭 참고하세요!

도핀
MM

Dauphine MM

- 사이즈 25x10.5x17 - 소재 모노그램, 모노그램 리버스 코팅 캔버스

루이비통의 시그니처 모노그램 캔버스 및 모노그램 리버스 캔버스 소재로 된 숄더백이자 크로스 백입니다. 배색 컬러의 캔버스가 매력적인 조화를 이루며 고풍스러우면서도 클래식한 포인트가 되는 가방이지요. 체인 스트랩, 자석형 잠금장치와 같은 새로운 디테일을 적용했습니다. 브랜드 고유의 헤리티지를 현대적인 라이프 스타일에 적용한 루이비통의 정체성이 고스란히 담겨 있습니다. 모노그램 애호가라면 특히나 만족스럽게 사용할 수 있는 잇템입니다.

★ Yulluv-Star

수납력 ★★★★☆	사각 형태의 플랩 백 스타일로 내부는 두 칸으로 나뉘어 있습니다. 각 공간에 물건을 정리해 수납하기 좋은 사이즈이며, 수납은 크기 대비 무난한 편입니다.
가벼움 ★★★☆☆	가운데 버클, 가죽 트리밍, 체인 포인트 등 디테일이 많은 가방인 만큼 무게가 사이즈 대비 무거운 편입니다. 더 가벼운 사용을 원할 경우 체인을 떼고 사용할 수도 있습니다.
관리 ★★★★☆	루이비통의 시그니처 모노그램 캔버스는 코팅된 캔버스로 관리가 매우 쉽습니다. 스크래치에도 강하고 오염에도 강하기 때문에 크게 신경 쓰지 않고 편안하게 가방을 사용할 수 있지요. 다만 브라운 가죽 트리밍 부분은 카프 스킨으로 되어 있어서 이 부분의 스크래치만 조금 주의한다면 금상첨화겠지요?

• Item Story

도핀 라인은 루이비통의 크리에이티브 디렉터 니콜라 제스키에르가 루이비통의 클래식 아이템을 트렌디한 잇백으로 새롭게 풀어낸 가방입니다. 도핀 MM, 미니 도핀, 도핀 체인 월렛 등 세 가지 사이즈가 있습니다. 수납을 편하게 할 수 있는 MM 사이즈를 가장 추천합니다.

• Wearing Tips

도핀 MM은 모노그램, 모노그램 리버스, 탄 컬러 트리밍으로 이루어진 브라운 계열의 '끝판 왕'입니다. 체인 장식을 이용해서 체인 백으로도 사용할 수 있고, 가죽끈은 짧게 메면 숄더백, 길게 메면 크로스 백으로까지 연출이 가능하다는 점도 큰 장점입니다.

Yulluv's Comment

"로고 플레이와 금장 버클, 그리고
가죽 트리밍이 황금비를 이루는 가방"

루이비통 도핀 라인은 모노그램 외에도 시그니처 에삐 가죽, 그리고 시즌별 자카드 텍스타일, 악어가죽 등 다양한 소재로 출시되는 스테디셀러입니다. 화려하면서도 루이비통만의 클래식한 멋을 동시에 느낄 수 있는 가방이지요. 특별한 날뿐만 아니라 평소에 출근할 때도 손색없이 멜 수 있는 실용성까지 갖췄습니다.

브리앙 미니

Brillant Mini

- 사이즈 20x16x11   - 소재 복스 카프 스킨

명품 브랜드 중 역사가 가장 오래된 델보(Delvaux)의 대표 스테디셀러 브리앙입니다. 브리앙 미니 사이즈는 부담스럽지 않으면서도 고급스러운 분위기를 풍기기 때문에 중요한 자리에 특히나 잘 어울립니다. 시그니처 컬러인 텐더베이지, 블랙, 히비스커스 등으로 다양하게 출시되고 있습니다. 차분한 색상뿐만 아니라 톡톡 튀는 색상도 있기 때문에 개성 있는 스타일링까지 완성할 수 있는 그야말로 척척박사 가방이지요.

★ Yulluv-Star

수납력 ★★★★☆	미니 사이즈로 아담하지만 밑면이 넓고 내부가 넓어서 수납력은 좋습니다. 다만 여닫는 플랩 부분이 넓게 열리지 않기 때문에 물건을 넣고 뺄 때 다소 불편합니다.
가벼움 ★★★★☆	브리앙 라인 자체가 '무겁다'는 인식이 있지만 사실 미니 사이즈는 그리 무겁게 느껴지지 않는 가방입니다. PM과 MM은 사이즈가 커지는 만큼 훨씬 더 묵직하기 때문에 가벼운 브리앙을 찾는다면 미니 사이즈가 제격이지요!
관리 ★★★★☆	카프 스킨 중 복스 카프의 경우 최소한의 가공 처리를 통해 최대한 매끈한 원피로 제작되는 가죽입니다. 기존 카프 스킨보다 두께가 있고 탄탄하며 부드럽습니다. 스크래치 등에 대한 내구성에도 상당히 강한 편입니다.

● Item Story

벨기에의 명품 브랜드 델보는 1829년 샤를 델보(Charles Delvaux)에 의해 만들어진 브랜드입니다. 규모가 크지 않아서 대중적이기보다는 마니아가 좋아하는 브랜드입니다. 1958년 델보는 위대한 건축물과 혁신적인 발명품들이 전시된 세계 박람회에서 정교하고 모던한 아이코닉 백에 대한 영감을 얻습니다. 그때 만들어진 라인이 바로 '브리앙'입니다. 대표 라인 브리앙을 시작으로 탕페트, 쿨박스, 팽 버킷 등 다양한 디자인을 선보이고 있습니다.

● Wearing Tips

우아하면서도 고급스러운 분위기가 특징인 브리앙 백은 잘 차려 입은 옷차림에 특히 빛이 나는 가방입니다. 정장이나 슬랙스에 셔츠, 단정한 원피스에 매치하면 그야말로 고급스러운 패션을 완성할 수 있지요. 그뿐만 아니라 은근히 캐주얼한 야상 재킷이나 청바지에도 잘 어울리기 때문에 특별한 날마다 꺼내기 좋은 가방입니다.

Yulluv's Comment

"아는 사람만 알아본다는 은은한 고급스러움이 일품"

델보 브리앙 백은 미니, PM, MM 세 가지 사이즈로 출시됩니다. PM은 가로 24cm, MM은 29cm로 미니 사이즈에 비해 상당히 큽니다. 우아함과 동시에 넉넉한 수납력까지 갖추었지요. 수납을 중요시하는 사람들이라면 PM과 MM 사이즈를 보면 좋겠지요?

핸들 장식 플랩 백 미디엄

Flap Bag with Top Handle Medium

- 사이즈 29x18x12   - 소재 캐비어 스킨

샤넬을 대표하는 시그니처 라인 핸들 플랩 백입니다. 일명 '코코 핸들'이라고 합니다. 특유의 고급스러움과 클래식한 분위기로 중요한 약속 때마다 정말 잘 활용할 수 있는 가방입니다.

고정된 탑 핸들뿐만 아니라 탈착이 가능한 체인 스트랩이 있어서 옷차림과 분위기에 따라 다양한 스타일링을 할 수 있습니다. 특히 체인 스트랩의 경우 샤넬의 시그니처 가죽 꼬임 디테일과 플레인 가죽이 함께 연결되어서 깔끔한 샤넬의 정체성을 확실히 느낄 수 있습니다.

★ Yulluv-Star

수납력 ★★★☆☆	내부는 두 칸으로 나뉘어져 있습니다. 또한 옆면이 움푹 들어간 디자인이라 정면에서 느끼는 크기감에 비하면 수납이 아쉬운 편입니다. 그렇지만 기본적인 크기가 있어서 화장품, 휴대폰, 작은 수첩 등의 수납은 가능합니다.
가벼움 ★★★☆☆	탄탄한 캐비어 스킨으로 된 각 잡힌 가방인 만큼 묵직합니다. 특히나 스트랩을 사용할 경우, 굵은 탑 핸들과 체인 스트랩이 더해져 더욱 무겁게 느껴질 수 있는 가방입니다.
관리 ★★★★☆	샤넬 코코 핸들 라인은 전체적으로 소재 자체는 튼튼하지만, 모서리 까짐에 특히 유의해야 하는 가방입니다. 바닥 부분에는 스터드로 까짐 방지 처리되어 있지만 사다리꼴 형태의 특성상 바닥 양 끝 모서리 부분들의 까짐이 빈번하게 발생할 수 있다는 점은 알아두세요!

● Item Story

코코 핸들 플랩 백은 2015년 코코 샤넬의 이름을 따서 시즌 백으로 출시되었다가 꾸준한 사랑을 받으며 스테디셀러가 된 가방입니다. 코코 핸들 스몰, 미디엄 사이즈는 매장에 입고가 되더라도 몇 시간만에 다 판매될 정도로 인기가 많습니다. 깔끔한 디자인과 세련된 형태로 폭넓은 연령층의 사랑을 받고 있습니다.

● Wearing Tips

크기가 꽤 큰 편이라 크로스로 메기보다는 탑 핸들로 들 때 가장 예쁘게 스타일링 할 수 있습니다. 차분하면서도 고급스러운 분위기로 결혼식장이나 상견례, 공식적인 세미나 등 중요한 날에 들기 정말 좋은 디자인입니다. 체구가 작은 편이라면 스몰 사이즈를 추천합니다. 스몰 사이즈는 가로가 24cm로, 부담스럽지 않고 적당해서 어디든 잘 어울리게 멜 수 있습니다.

Yulluv's Comment

"클래식하고 포멀한 멋을 풍기는 고급스러운 가방"

코코 핸들 플랩 백은 단단하고 견고하면서 동시에 우아함도 가지고 있는 매력적인 가방입니다. 스몰, 미디엄, 라지 사이즈가 있는데 기존 미니, 스몰, 미디엄 사이즈에서 명칭이 변경된 변경된 것이다 보니 이를 혼동하지 않도록 실제 가로, 세로 사이즈를 잘 확인하는 것이 좋습니다. 예를 들면 현재 미디엄 사이즈는 뉴미디엄 혹은 구스몰이라고 불리고 있어요. 평소에 깔끔하고 격식을 차린 옷을 즐겨 입는다면 꼭 추천하고 싶은 가방입니다.

카로
미디엄 백

Medium Caro Bag

- 사이즈 25.5x15.5x8   - 소재 카프 스킨

2021 크루즈 컬렉션에서 처음 선보인 따끈따끈한 신상이자, 스테디셀러로 자리 잡은 가방입니다. 소프트한 카프 스킨에 시그니처 까나쥬 패턴 퀼팅, CD 로고가 더해졌습니다. 디올의 우아하고 아이코닉한 분위기를 풍부하게 느낄 수 있지요. 카로만의 CD가 연결된 체인을 활용하여 숄더백, 긴 숄더백, 크로스 백 등의 연출이 가능하기 때문에 분위기에 맞게 다양한 활용이 가능하다는 장점이 있습니다.

★ Yulluv-Star

수납력	비슷한 사이즈의 플랩 백과 비교했을 때, 상대적으로 비거나 남는 공간 없이 꽉 채
★★★★☆	워 활용할 수 있는 형태로 되어 있습니다. 내부는 큰 한 칸으로 되어 있고 안쪽에
	지퍼 공간, 바깥쪽에 주머니도 있기 때문에 수납이 용이합니다.

가벼움
★★★☆☆
중앙의 큰 메탈 로고와 체인이 포인트인 만큼 무게는 묵직한 편입니다. 플랩이 앞쪽 전체를 덮고 있어 가죽이 사용된 범위도 넓기 때문에 가벼움을 기대하고 구매한다면 다소 실망할 수 있는 무게입니다.

관리
★★★★☆
디올 카로 백의 카프 스킨은 부드러우면서도 오돌토돌한 질감이 더해져 스크래치에 강합니다. 또한 빼곡한 까나쥬 퀼팅이 있기 때문에 더욱 스크래치가 잘 발생하지 않는 편입니다. 다만 부드러운 가죽인 만큼 모양이 무너질 수 있기 때문에 이 부분만 주의해주세요.

• Item Story

디올 카로 백은 마리아 그라치아 치우리가 새롭게 재해석해 선보인 가방으로, 디올의 창립자인 크리스챤 디올의 여동생인 캐서린을 기리는 의미를 담고 있습니다. 첫 시즌에는 블랙, 그레이, 베이지 컬러로 출시되었으며 이후 시즌별로 라즈베리 핑크, 오션블루, 코냑 컬러와 같이 다양한 컬러들로 점차 영역을 넓혀가고 있습니다.

• Wearing Tips

카로 백 라인은 체인에도 카로의 시그니처를 담았는데, 마치 CD가 연결된 듯한 디테일을 더해 화려하면서도 세련된 무드를 느낄 수 있습니다. 메탈은 골드와 실버 두 종류가 있으며 평소 캐주얼한 옷을 즐겨 입는다면 실버를, 더 깔끔하고 클래식한 옷을 좋아한다면 골드를 추천합니다.

Yulluv's Comment

"디올의 새로운 상징이 된 우아한 멋의 신흥 강자"

디올을 대표하는 신상 라인으로 우뚝 자리 잡은 카로 백은 마이크로, 스몰, 미디엄, 라지 등 정말 다양한 사이즈가 있습니다. 마이크로 사이즈는 거의 액세서리와 같은 크기이고, 스몰과 미디엄이 가장 인기가 많은 사이즈입니다. 체구가 작다면 스몰 사이즈도 충분히 고급스럽고 실용적으로 소화가 가능합니다. 무조건 미디엄 크기를 고르기보다는 체구와 스타일을 고려하기를 추천합니다.

소프트 사이공 백 미니

Saïgon Souple Mini Bag

- 사이즈 20x15x7.4　　- 소재 고야딘 캔버스, 카프 스킨

2010년 고야드에서 처음 선보인 탑 핸들 형식의 사이공 백은 고급스러우면서도 고야드만의 독특한 분위기를 풍기는 가방입니다. 2017년부터 미니 백 열풍이 불며 미니 사이즈가 추가되어 자그마한 탑 핸들 백을 찾는 분들에게 큰 사랑을 받고 있지요. 우드 탑 핸들의 그립감이 굉장히 부드러운 것이 특징입니다. 아래쪽은 고야딘 캔버스로 고야드의 정체성을 살리면서도 플랩과 옆면 등은 깔끔한 카프 스킨으로 덧대었습니다. 고급스러우면서도 독특한 고야드만의 아우라를 풍기는 가방입니다.

★ Yulluv-Star

수납력 ★★★★☆	가장 작은 미니 사이즈이지만 아랫면이 워낙 넓고 옆면도 넉넉해 수납이 잘 되는 가방입니다. 특히 내부가 널찍하게 한 칸으로 되어서 부피감 있는 파우치 등을 통으로 수납하기에 편합니다.
가벼움 ★★★★★	고야드의 최대 장점인 '가벼운 무게감'을 최대한 살리려고 애쓴 티가 납니다. 다소 무거울 수 있는 우드 핸들조차 굉장히 가벼운 밤나무를 사용해, 전체적으로 탄탄해 보이면서도 가벼운 가방입니다.
관리 ★★★★☆	시그니처인 고야딘 캔버스와 그레이니 카프 스킨이 함께 어우러진 가방입니다. 두 소재 모두 스크래치에 강해 관리가 어렵지 않습니다. 다만 고야딘 캔버스 특유의 부드러움이 있기 때문에 약간 주름이 생길 수 있다는 점은 참고하세요.

● **Item Story**

사이공 백 라인은 미니, PM 사이즈가 있습니다. PM의 경우 스트럭쳐 디자인만 있으며, 사이공 미니 사이즈는 기본 라인과 스트럭쳐 라인이 있습니다. 스트럭처 라인은 말 그대로 건축물 같은 밤나무가 전면에 양쪽으로 배치된 디자인입니다. 좀 더 견고한 느낌을 주며 수작업으로 만들어진 장식이 고급스러움을 한층 더 부각시키는 특징이 있지요.

● **Wearing Tips**

스트랩 거는 곳이 따로 있지 않고 핸들 사이에 끼워서 왔다 갔다 하는 구조로 되어 있습니다. 길이 조절이 최소 46cm에서 최대 56cm까지 가능해 다양한 체형에 맞추어 사용하기 좋습니다. 탑 핸들로 들었을 때 워낙 예쁘기 때문에 심플한 옷차림에 포인트 탑 핸들 백으로 사용하면 금상첨화입니다.

Yulluv's Comment

"고야드에 캐주얼한 가방만 있다고 생각하면 큰 오산!"

가죽과 고야딘 캔버스가 조화롭게 균형을 이루며, 전체 로고 프린팅이 은은하게 존재감을 나타냅니다. 깔끔함과 브랜드 정체성을 뚜렷이 보여주는 가방을 찾는 사람들에게 특히 추천합니다. 고야딘 캔버스는 12가지 다양한 시그니처 색상이 있기 때문에, 취향에 따라 어느 색상을 선택할지 고를 수 있는 폭도 매우 넓습니다.

홀스빗 1955
스몰 탑 핸들 백

Horsebit 1955 Small Top Handle Bag

- 사이즈 25x24x9   - 소재 에보니 GG 수프림 캔버스, 브라운 레더 트리밍

사이즈가 넉넉하면서도 존재감이 확실한 가방을 찾는다면 구찌 홀스빗 1955 스몰 탑 핸들 백을 추천합니다. 2020 SS 컬렉션에서 선보인 신상 디자인으로, 60년 넘게 이어지는 라인에 현대적인 영감을 더해 독특한 형태와 분위기를 자아냅니다. 가죽 스트랩을 활용해 긴 숄더백으로도 멜 수 있습니다. 평소 클래식한 느낌을 좋아한다면 중요한 날마다 무난하게 활용할 수 있습니다.

★ Yulluv-Star

수납력
★★★★☆

가로 25cm 높이 24cm로 넉넉한 사이즈의 가방입니다. 특히 수첩 등의 면적이 큰 물건을 수납하기 좋으며, 여닫는 부분은 다소 좁은 편이라 너무 부피감이 큰 물건보다는 일상용품 수납에 적합합니다.

가벼움
★★★☆☆

무게감이 꽤 묵직한 것이 특징입니다. GG 수프림 캔버스에 홀스빗 로고, 단단하게 감싸주는 카프 스킨 트리밍이 덧대어지며 꽤 많은 디테일을 가진 가방인 만큼 무거운 편입니다.

관리
★★★★☆

구찌의 시그니처 에보니 GG 수프림 캔버스는 얇게 코팅된 캔버스 소재로 오염과 스크래치에 매우 강합니다. 다만 핸들과 트리밍, 바닥 부분의 카프 스킨의 경우 부드럽게 가공되었기 때문에 이 부분의 스크래치나 까짐 등만 주의한다면 오랫동안 새것 같은 가방으로 사용할 수 있습니다.

● **Item Story**

구찌의 라인 중에 연도가 들어간 라인은 기존의 아카이브에서 새롭게 재해석한 가방들입니다. 예를 들면, 1969 실비 백, 1961 재키 백, 그리고 1955 홀스빗 등이 있습니다. 구찌의 상징적인 홀스빗 로고를 클래식하고 고풍스럽게 활용해 만들어진 탑 핸들 라인은 미니, 스몰 두 사이즈가 있습니다. 사이즈에 따라 다른 분위기를 자아냅니다.

● **Wearing Tips**

앞면 크기에 비해 옆면이 얇아서 착용했을 때 몸에 착 감기는 장점이 있습니다. 포멀한 슬랙스나 정장에 탑 핸들을 활용해 매치하면 깔끔하면서도 포인트를 주는 패션이 완성됩니다. 긴 스트랩을 이용해서 조금 더 가벼운 느낌으로도 연출할 수 있기 때문에 그날의 옷차림과 분위기에 따라 다양하게 들어보는 것도 좋겠지요?

Yulluv's Comment

"흔한 탑 핸들 백은 가라!
독창적이고 유니크한 가방"

구찌 1955 스몰 탑 핸들 백은 GG 수프림 소재 외에 전체 카프 스킨으로 된 소재도 있습니다. 시즌별로 한정 소재와 색상으로도 꾸준히 출시되고 있지요. 카프 스킨 디자인은 GG 수프림에 비해 조금 더 현대적이고 깔끔한 느낌이 많이 들기 때문에 GG 수프림의 고풍스러움이 부담스럽다면 카프 스킨 라인을 추천합니다.

패디드
카세트 백

Padded Cassette

- 사이즈 26x18x8   - 소재 램 스킨

패디드 카세트 백은 통통한 부피감이 눈에 띕니다. 패딩 처리한 양가죽 소재를 '인트 레치아토' 공법으로 완성한 크로스 백입니다. 인트레치아토는 이탈리아어로 '엮다, 꼬다' 라는 뜻이 있습니다. 이 인트레치아토 공법 때문에 로고나 튀는 메탈 장식 없이도 확실 한 존재감을 나타낼 수 있지요. 소재로 제품을 대표하는 브랜드가 바로 보테가베네타가 아닐까 싶습니다.

튀는 장식이 없기 때문에 부담스럽지 않은 분위기를 풍겨서 어느 옷에나 매치하기 좋 습니다. 특히 통통한 부피감이 다른 가죽 가방에서는 느끼기 어려운 독특한 분위기를 풍 기는 점도 매력 포인트입니다.

★ **Yulluv-Star**

수납력 ★★★☆☆	사이즈 대비 내부가 좁은 느낌이 드는 가방입니다. 아무래도 소재가 통통하다 보니 내부 공간을 차지하게 되어, 겉보기에는 넉넉하지만 생각보다 수납은 많이 되지 않습니다. 그렇지만 파우더, 립스틱, 휴대폰 등 작은 물건을 수납하기에는 충분합니다.
가벼움 ★★★☆☆	눈에 띄는 메탈 장식은 크게 없지만 가죽 자체를 굵고 견고하게 엮어 제작한 만큼 무게감은 묵직한 편입니다.
관리 ★★★★☆	보테가베네타의 패디드 램 스킨은 부드럽지만 탄탄하게 가공되어 스크래치에는 꽤 강한 편입니다. 다만 각 가죽이 엮여 있는 형태이다 보니 사이사이 공간으로 얇은 물건이 빠질 수도 있다는 점을 참고하세요.

● **Item Story**

2019년, 당시 크리에이티브 디렉터인 다니엘 리가 기존 인트레치아토 공법을 재해석해 출시한 맥시 인트레치아토 백이 바로 '카세트 백'입니다. 이것이 엄청난 인기를 얻으며 가죽을 통통하게 패딩처럼 만든 패디드 카세트 백을 이어서 출시합니다. 현재 시그니처로 자리 잡은 카세트 백 중 패디드 라인은 패디드 체인 카세트 백, 패디드 카세트 벨트 백, 스몰 패딩 카세트 백, 캔디 패디드 카세트 백 등 다양한 사이즈로 점점 더 영역을 확장하고 있습니다.

● **Wearing Tips**

전체적으로 통통한 양감이 느껴지는 가방으로, 착용했을 때 은은하지만 존재를 확실히 드러냅니다. 직선의 결합으로 이루어진 디자인이라서 깔끔하고 각이 있는 옷차림에 특히 잘 어울리고, 특히 재킷과 매치하면 최고입니다. 체크 재킷, 리넨 재킷, 울 재킷 등 웬만한 재킷 옷과는 환상으로 잘 어울리며 여름철에는 흰 티셔츠에 청바지처럼 단순한 옷차림에도 세련미를 더할 수 있습니다.

Yulluv's Comment

"로고 하나 없이도 엄청난 존재감을 발휘하는 특별한 가방"

보테가베네타의 이미지는 2019년 이전과 이후로 크게 달라졌습니다. 2019년 이전에는 부모님이 좋아하는 브랜드의 이미지였다면, 요즘은 잇템, 핫템, 트렌드 그 자체가 되었지요. 그만큼 다양한 색상들이 눈에 띕니다. 특히나 클래식 라인으로 자리 잡은 카세트 백은 퍼플, 페러킷, 딥 블루 등 다양한 색상으로 꾸준히 사랑을 받고 있습니다.

나노
벨트 백

Nano Belt Bag

- 사이즈 20x20x10   - 소재 카프 스킨

미니멀한 스타일을 좋아한다면 꼭 추천하고 싶은 셀린느 시그니처 벨트 백의 나노 사이즈입니다. 셀린느 벨트 백은 출시 이후 꾸준히 스테디셀러로 사랑받고 있습니다. 벨트를 조이는 듯한 앞면 가죽 장식과 그 안쪽으로 끼워지는 플랩이 특징입니다. 피비 파일로가 디자이너로 있던 시절의 셀린느 정체성을 가득 담고 있습니다. 사이즈도 다양해 어울리는 스타일을 편하게 찾아볼 수 있습니다.

수납력 ★★★★☆	나노 사이즈이지만 밑면이 넓어서 수납력이 매우 좋습니다. 파우치뿐만 아니라 작은 수첩까지 수납이 가능하기 때문에 중요한 날뿐만 아니라 일상용으로 활용하기도 좋은 가방입니다.
가벼움 ★★★☆☆	탄탄한 소재의 각 잡힌 가방으로, 무게감은 어느 정도 있는 편입니다. 그렇지만 나노 사이즈는 크기가 작은 만큼 일상생활에서 사용하기에 적당합니다. 무게에 크게 중점을 두지 않는다면 전혀 거슬리지 않는 정도입니다.
관리 ★★★★★	셀린느의 그레이니 카프 스킨은 특히나 튼튼한 점이 특징입니다. 단단함이 손으로 느껴지는 정도이며 양끝 모서리 마모에만 주의한다면 오랫동안 모양 무너짐 없이, 스크래치 걱정 없이 사용할 수 있습니다.

• Item Story

2017 FW 컬렉션에 출시된 셀린느 벨트 백은 깔끔하고 미니멀한 감성으로 엄청난 인기를 끌었습니다. 크리에이티브 디렉터가 바뀐 이후에도 꾸준히 스테디셀러로 출시됩니다. 사이즈는 피코, 나노, 마이크로, 미니가 있습니다. 피코 사이즈는 가장 최근에 미니 백 열풍에 힘입어 출시된 귀여운 사이즈입니다.

• Wearing Tips

셀린느 벨트 백 나노 사이즈는 크기나 모양, 그리고 스타일 자체가 다양한 옷에 매치하기 쉽습니다. 격식이 있으면서도 셀린느의 헤리티지가 느껴지는 고급스러움을 동시에 가졌습니다. 토트백뿐만 아니라 긴 숄더백으로도 연출이 가능합니다. 셀린느 특유의 톤 다운된 그레이나 아마존 컬러를 고른다면 은은하게 센스 있는 착장을 완성할 수 있겠지요?

Yulluv's Comment

"오랫동안 사랑받는 이유, 세련되고 질리지 않는 가방"

사이즈가 다양한 만큼 체구나 취향에 따라 선택할 수 있는 범위가 굉장히 넓습니다. 가장 큰 사이즈 이름이 미니 사이즈인 것이 참 아이러니한 가방입니다. 미니 사이즈는 가로가 무려 27cm입니다. 여는 방식도 독특합니다. 마이크로와 미니 사이즈는 버클과 자석이 함께 있는 여닫이 방식이라서 열고 닫기가 조금 불편합니다. 반면 나노 사이즈는 자석으로만 되어 있어 열고 닫기가 더 편리하다는 점 참고하세요.

클레오 브러시드 가죽 숄더백

Cleo Brushed Leather Shoulder Bag

- 사이즈 27x22x6 - 소재 브러시드 가죽

'우아함' 하면 떠오르는 프라다의 새로운 시그니처 클레오 라인의 가죽 숄더백입니다. 1990년대의 아이코닉한 프라다 디자인을 새롭게 해석한 세련된 매력이 돋보이는 가방입니다. 하단과 측면을 둥글게 처리한 독특한 구조이며 얇은 곡선이 특징입니다. 프라다 컬렉션 특유의 모던하고 활용도 높은 브러시드 가죽은 반 정도 광이 도는 소재로 미니멀하면서도 은은한 존재감을 나타내기에 안성맞춤입니다.

★ **Yulluv-Star**

수납력 ★★★☆☆	사이즈 자체가 작지는 않지만 워낙 얇은 가방이다 보니 수납은 적게 되는 편입니다. 파우더, 지갑, 립스틱 정도의 수납이 가능합니다. 콤팩트한 수납에 깔끔한 디자인을 찾는 분에게 추천합니다.
가벼움 ★★★★☆	단단하고 탄탄하게 제작된 가방이지만 무게는 가볍습니다. 몸에 착 달라붙는 유선형 디자인이기 때문에 착용했을 때 특히 편안함을 느낄 수 있는 가방입니다.
관리 ★★☆☆☆	브러시드 가죽은 스크래치와 흠집에 약합니다. 광이 나는 느낌이 들어 코팅되어 있는 듯 보이지만 그 광이 스크래치를 더욱 부각시키는 효과를 줍니다. 흠집이 났을 때 티가 매우 잘 나고 먼지 또한 잘 붙어서 관리는 어려운 편입니다.

● **Item Story**

2020년 4월부터 라프 시몬스가 프라다 공동 크리에이티브 디렉터로 합류하며 다양한 창의적인 신상들을 출시하게 됩니다. 프라다 브러시드 숄더백도 그중 하나였지요. 처음 출시된 기본 디자인 외에 플랩 숄더백, 미니 숄더백 등 매 시즌 다양한 디테일을 선보이고 있습니다. 반달처럼 둥글게 처지는 자연스러운 형태로 제작되는 것이 특징이며 우아하면서 클래식한 매력을 느낄 수 있는 가방입니다.

● **Wearing Tips**

브러시드 가죽 숄더백은 심플하고 모던한 분위기를 풍기기 때문에 다양한 옷에 매치하기 쉽다는 장점이 있습니다. 또한 자석 클로징 방식의 사용하기 편리한 디자인이라서 실용성과 디자인 두 마리 토끼를 모두 잡을 수 있는 스타일입니다.

Yulluv's Comment

"도회적인 세련된 분위기와 클래식한 멋을 동시에 느낄 수 있는 가방"

모던하고 미니멀한 스타일을 추구하는 사람들에게 특히 추천합니다. 브러시드 가죽 숄더백은 깔끔하고 세련된 디자인으로 직장인들이 평소에 착용하기에도 부담 없이 좋습니다. 특히 은은한 고급스러움이 있기 때문에 중요한 자리에 척척 들고 다니기에도 좋은 스타일입니다.

LE 5 À 7
스몰 호보 백

LE 5 À 7 Soft Small

- 사이즈 23x16x6.5   - 소재 카프 스킨

생로랑 특유의 시크함과 깔끔함이 느껴지는 대표 호보 백입니다. 생로랑은 다른 브랜드들보다 호보 백 출시를 꽤 늦게 한 편입니다. 생로랑은 심플하면서도 클래식하게 호보백을 디자인해 꾸준한 인기를 얻고 있습니다. 가죽 자체의 고급스러운 질감이 큰 장점이며 마치 실크처럼 부드러움이 느껴집니다. 생로랑 엠배서더 '로제 가방'으로 알려져 전 세계적으로 품귀 현상이 있었습니다. 생로랑의 아이코닉하고 클래식한 분위기의 깔끔한 가방을 원한다면 특히 추천합니다.

★ Yulluv-Star

수납력 ★★★☆☆	가방 크기 자체가 스몰이기 때문에 많은 수납을 기대하기는 어렵지만, 일상 수납은 편하게 가능하기 때문에 실용적으로 사용하기 좋은 가방입니다.
가벼움 ★★★★★	미니멀하고 깔끔한 디자인으로, 가운데 생로랑 카산드라 로고 외에는 크게 무게감을 차지하는 디테일이 없어서 가벼운 편입니다. 어깨에 편하게 걸쳐 사용하기 좋습니다.
관리 ★★★☆☆	부드러운 카프 스킨으로 제작되어 오돌토돌한 그레이니 카프 스킨에 비해 스크래치가 잘 납니다. 흠집이 났을 때 티도 많이 나는 편이라 일상적인 관리가 필요합니다.

● Item Story

LE 5 À 7은 프랑스어로 '5시부터 7시까지'라는 뜻을 가졌습니다. 5시부터 7시까지는 프랑스의 '해피 아워'를 의미합니다. 모두가 퇴근하는 기분 좋은 퇴근길을 생각하면 이해가 쉽겠지요? 이 가방을 메면 마치 가장 행복한 해피 아워처럼 하루가 즐거울 것 같은 느낌을 줍니다.

● Wearing Tips

스트랩의 길이를 미세하게 조정 가능합니다. 그래서 짧은 숄더백 이외의 스타일로는 활용이 어렵습니다. 카산드라 로고 부분의 여닫는 방식이 매우 독특한데, 자석이나 버튼이 아니라 L자를 아래쪽에 끼우는 형식으로 되어 있습니다.

Yulluv's Comment

"실제로 착용했을 때 더욱 빛을 발하는 매력적인 가방"

가벼우면서도 심플하지만 아이코닉한 가방을 찾는 분에게 특히 추천합니다. 처음 출시할 때에는 소재가 한정적이었지만 매 시즌마다 샤이니 가죽, 악어가죽, 실크 새틴 등 다양한 소재로 영역을 확장하고 있습니다. 신상으로는 사이즈가 길쭉한 미디엄 호보 백도 출시되었습니다.

클래식 케이스 미디엄

Classic Medium Zip Pouch O Case

- 사이즈 27.5x20x1   - 소재 캐비어, 램 스킨

샤넬 클래식 클러치는 신경 쓴 듯, 쓰지 않은 듯 무심하게 툭 걸치는 매력이 있는 가방입니다. 클러치, 파우치, 케이스 등 다양한 명칭으로 불리는데 직사각 형태에 자그마한 샤넬 로고, 특유의 퀼팅 포인트가 특징입니다. 샤넬의 대표 시그니처 제품이라 매 시즌마다 다양한 색으로 나옵니다. 클래식 라인 외에도 보이, 가브리엘, 19 등 대표 라인의 가방은 모두 클러치 형태로도 출시되고 있습니다.

수납력	파우치의 특성상 밑면이 따로 없다 보니 수납은 많이 되지 않습니다. 가죽이 유연
★★★☆☆	하기 때문에 억지도 많이 넣을 수는 있지만, 그렇게 수납하면 가죽이 늘어나서 볼 품없어지기 때문에 물건은 꼭 적당히 넣는 것이 중요합니다.
가벼움	한쪽 손에 딱 들고 다니기 좋은 가벼운 파우치입니다. 체인이나 스트랩 등의 디
★★★★★	테일이 없는 대신 매우 가볍기 때문에 한쪽 팔에 끼워서 편하게 들고 다니기 좋 습니다.
관리	샤넬 클래식 파우치는 크게 두 가지 소재가 있습니다. 캐비어와 램 스킨입니다. 캐
★★★★☆	비어 소재는 오돌토돌하고 탄탄하게 가공이 되어서 스크래치와 찍힘에 강한 편입 니다. 반면 램 스킨은 부드러운 만큼 홈집에는 조금 약한 편입니다.

● Item Story

샤넬 클래식 라인은 미니, 미디엄, 라지, 맥시 사이즈 외에도 클러치 라인이 있습니다. 클러치는 상대적으로 가격대가 덜 부담스럽기 때문에 명품 가방 입문자 분들에게도 추천하는 라인입니다. 샤넬 클래식 라인의 깔끔함과 아이코닉함을 동시에 느낄 수 있습니다. 중요한 날마다 스타일리시하면서도 편안하게 활용하기 좋은 가방입니다.

● Wearing Tips

샤넬 파우치는 어떤 옷에 매치하는지에 따라 다양한 분위기를 연출할 수 있는 특징이 있습니다. 정장에 매치하면 격식 있고 고급스러운 스타일링이 완성되고, 러블리한 스커트나 청바지 등 캐주얼한 옷에 매치하면 꾸민 듯 안 꾸민 느낌의 스타일링이 완성됩니다. 어떤 옷차림인지에 따라 다양하게 활용할 수 있는 만큼 하나 있으면 여기저기 들기 좋은 클러치가 되겠지요?

Yulluv's Comment

"평범한 듯하지만 스타일링 했을 때 패션을 멋있게 완성해주는 마침표 같은 클러치"

샤넬 파우치는 각 라인별로 출시되는 시그니처 스타일입니다. 클래식한 느낌을 좋아한다면 클래식이나 보이 라인을 추천하며, 가브리엘 라인은 가브리엘 시그니처인 지퍼 샤넬 디테일과 바닥면 덧댐 장식 등이 있어 조금 더 포인트 있게 사용할 수 있습니다. 19 라인의 파우치는 19 라인에만 있는 가죽 덧댐 로고가 클러치에 그대로 적용되어서 세련되고 화려한 분위기를 연출할 수 있습니다.

STEADY BAG

대대손손 스테디 백

엄마랑 같이 쓰기 좋은 가방
내구성 좋고 튼튼한 가방
유행 안 타는 스테디 중 스테디 백

명품 가방을 구매하려고 생각했을 때 가장 고민되는 부분은 바로 높은 가격대입니다. 대부분 100만 원이 훌쩍 넘는 높은 가격이기 때문에 한 번 살 때 최대한 많이 고민하기 마련입니다.

아무래도 구매한 가방을 잘 활용할 때 가장 만족스러운 구매라고 할 수 있겠지요. 더 나아가 엄마와 언니, 그리고 내 자식에게까지 물려줄 수 있다면 더할 나위 없는 소비라고 할 수 있겠지요?

첫 번째, 엄마랑 같이 쓰기 좋은 가방입니다. 디자인에 따라 연령대별 호불호가 크게 갈리는 가방도 있는 반면, 20~30대부터 50대까지 두루두루 인기가 많은 가방도 있습니다. 다양한 연령대에서 사랑받는 가방을 구매한다면 엄마, 언니 등 가족과 함께 사용할 수 있기 때문에 활용도가 훨씬 높아지지요.

두 번째, 내구성 좋고 튼튼한 가방입니다. 가방을 살 때 많이 하는 실수 중 하나가 디자인만 보고 구매하는 것이지요. 하지만 가죽의 단단함, 가방의 내구성까지 고려해 가방을 구매해야 오랫동안 새것처럼 사용할 수 있습니다. 너무 약하거나 잘 무너지는 가방을 구매하지 않으려면 어떤 부분을 고려해야 하는지 알려주겠습니다.

세 번째, 유행 안 타는 스테디 중 스테디 백입니다. 가격대가 높은 만큼 금방 단종되는 가방보다는 10년, 100년 동안 사랑받는 스테디 백을 찾는 사람들이 많습니다. 스테디 가방 중에서도 역사가 정말 오래된, 전 세계적으로 다양한 인종, 연령층에서 꾸준히 사랑받고 있는 베스트 아이템을 추천합니다.

패들락 GG 수프림 캔버스 스몰 숄더백

Padlock Small GG Shoulder Bag

- 사이즈 26x18x10   - 소재 베이지, 에보니 GG 수프림 캔버스

넉넉한 수납력과 고풍스러운 무드를 느낄 수 있는 구찌의 수프림 캔버스 숄더백입니다. 패들락 라인의 시그니처인 골드 사각 버클 장치가 눈에 띄며, GG 수프림 캔버스와 트리밍의 조화가 우아하면서도 클래식한 분위기를 풍깁니다. 20대 중반부터 50~60대까지 다양한 연령층에서 소화하기 쉬운 디자인으로, 엄마와 함께 쓰기 좋은 가방으로 특히 추천합니다. 트리밍 색상은 블랙, 브라운, 아이보리 세 가지가 있습니다.

★ Yulluv-Star

수납력	깔끔한 사각 형태에 바닥면도 넓은 편이기 때문에 수납이 매우 잘 되는 가방입
★★★★★	니다. 특히 안쪽 공간이 넓은 한 칸으로 되어 있어 부피감 있는 물건의 통 수납
	이 가능하고, 작은 우산이나 양산 등도 함께 넣을 수 있기 때문에 실용적입니다.

가벼움	무게는 사이즈 대비 무겁지도, 가볍지도 않은 평균적인 무게입니다. 수치로 측
★★★★☆	정하면 약 600g 정도로 일상에서 수납을 하고 다니기에는 무리가 없는 정도
	입니다.

관리	구찌 GG 캔버스는 코팅 캔버스로 관리가 매우 용이한 소재입니다. 카프 스킨 가
★★★★☆	죽 트리밍 부분의 스크래치는 주의하는 것이 좋으며, 버클이 넓고 반짝이는 메탈
	인 만큼 로고 스크래치에는 조금 신경을 쓰는 것이 좋습니다.

● Item Story

패들락 숄더백은 2018 크루즈 컬렉션에서 처음 선보인 가방입니다. 각진 형태에 가운데 패들락 장식의 플랩이 특징입니다. GG 수프림 캔버스와 가죽 트리밍이 조화를 이루는 정갈하면서도 클래식한 디자인입니다. 동일한 숄더 스타일로 신상 마몽 라인이 나올 정도로, 이 숄더백 디자인은 꾸준히 다양한 연령층에서 사랑을 받고 있습니다.

● Wearing Tips

정갈하고 클래식한 분위기를 풍기는 가방으로, 대부분의 외출복에 편하게 어울립니다. 무늬나 패턴이 많은 옷보다는 한 가지 색상의 깔끔한 차림에 더 잘 어울리며, 숄더 길이감이 넉넉해 두꺼운 겨울옷에도 편하게 스타일링 할 수 있는 장점이 있습니다.

Yulluv's Comment

"고풍스러움과 실용성을 동시에 가져
두루두루 활용도 좋은 가방"

캔버스 숄더백은 스몰 사이즈와 미디엄 사이즈가 있습니다. 미디엄 사이즈는 가로 35cm 의 빅 백으로, 큰 사이즈를 찾는 분이라면 추천하는 크기입니다. 인기가 많은 크기는 기본 숄더백이며, 일상에서 매일 들 수 있고 다양한 연령층을 아우르는 디자인이 매력 포인트입니다.

미디엄 갤러리아 사피아노 가죽 백

Medium Galleria Saffiano Leather Bag

- 사이즈 28x19.5x12   - 소재 사피아노 가죽

프라다의 오랜 역사를 함께해온 대표 시그니처 라인 갤러리아 사피아노 백입니다. 미디엄이 가장 클래식한 사이즈라고 할 수 있습니다. 깔끔한 사각 형태에 프라다의 삼각 로고와 지퍼 장식들이 어우러져 은은한 분위기를 풍기는 것이 특징입니다. 처음 출시 당시에는 검정색 등 기본 색상만 있었지만 최근에는 스카이 블루 등 다양하고 튀는 색상들도 선보였습니다. 색상이 다양해진 만큼 여러 연령층에서 사랑을 받는 제품입니다.

★ Yulluv-Star

수납력 ★★★★☆	아랫면이 넓고 위로 갈수록 옆면이 좁습니다. 일상생활 속 물건 수납은 충분히 가능하며, 물건을 더 많이 넣고 싶을 때에는 양쪽 버튼을 열어서 조금 더 위쪽을 넓게 만들 수도 있습니다. 다만 내부가 두 칸으로 나뉘어져 있어 부피감이 큰 물건 수납은 다소 어려운 편입니다.
가벼움 ★★☆☆☆	탄탄하고 각진 형태, 내부가 여러 겹 덧대어져 있어서 무거운 편입니다. 들었을 때 묵직한 느낌이 들기 때문에 가벼운 가방을 찾는 분에게는 추천하지 않는 무게감입니다.
관리 ★★★★☆	전체가 사피아노 가죽으로 되어서 스크래치에 강합니다. 다만 바닥 양 끝 모서리는 마모가 잘 되는 편이라 이 부분만 신경 쓴다면 오랫동안 깔끔한 상태로 가방을 사용할 수 있습니다.

• Item Story

프라다의 대표 소재인 사피아노는 소가죽 위에 빗살무늬 패턴을 넣은 소재입니다. 스크래치에 약한 가죽의 특징을 보완하기 위해 개발된 소재이며, 1913년 마리오 프라다가 프라다를 설립하자마자 개발한 가죽입니다. 당시 사피아노 럭스 백으로 출시가 되었고 엄청난 사랑을 받았지요. 지금까지 디테일만 조금씩 바뀌며 과거 럭스 백에서 현재 갤러리아 백으로 불리우며 출시되고 있습니다.

• Wearing Tips

모던하고 심플한 스타일이라서 호불호가 크게 나뉘지 않는 가방입니다. 어머니 세대에도 특히 유행했던 디자인이기 때문에 엄마와 같이 사용하기 좋으며, 색상에 따라 젊은 느낌과 우아한 느낌을 각각 연출할 수 있습니다. 또한 가죽끈이 있기 때문에 토트백 외에도 긴 크로스 백으로도 활용할 수 있습니다.

Yulluv's Comment

"부모님 세대와 현재를 이어주는 역사 깊은 스테디 가방"

프라다 갤러리아 사피아노 백은 미니, 스몰, 미디움, 라지 총 네 가지 사이즈가 있습니다. 귀여운 분위기를 원한다면 미니와 스몰 사이즈도 정말 잘 활용할 수 있으며, 조금 더 무난하게 사용하고 싶다면 미디움 사이즈를 추천합니다. 라지 사이즈는 아무래도 무겁다 보니 매일 활용하기에는 조금 버거운 감이 있습니다.

네오노에
MM

NéoNoé MM

- 사이즈 26x26x17.5   - 소재 모노그램 코팅 캔버스

수납이 잘 되면서도 스타일을 잃지 않는 실용적인 가방을 찾는 사람들에게 추천하는 가방입니다. 밑면이 무려 26x17.5cm로 매우 넓습니다. 가운데는 지퍼 공간으로 분리되어서 효율적인 수납이 가능합니다. 어깨에 걸치는 숄더백으로 활용이 가능하며, 루이비통의 아이코닉함이 잘 느껴지는 가방인 만큼 다양한 연령층에서 꾸준히 사랑을 받고 있습니다. 다양한 소재와 색상이 있습니다.

★ Yulluv-Star

수납력 ★★★★★	와인 병 네 개가 넉넉하게 들어가는 크기입니다. 일상용품 수납은 물론 가벼운 나들이에도 적합한, 막강한 수납력을 자랑하는 가방입니다.
가벼움 ★★★★☆	사이즈가 워낙 크다 보니 절대적인 무게 수치 자체가 가볍진 않지만 크기 대비 무거운 편은 아닙니다. 약 550g으로 이 정도 크기의 다른 가죽 가방에 비하면 가벼운 편입니다.
관리 ★★★★★	루이비통의 시그니처 모노그램 캔버스 소재를 활용해서 내구성이 뛰어나며 관리가 쉽습니다. 모양이 자연스러운 듯 보이지만 아랫면이 탄탄하게 각이 잡혀 오래 사용해도 처음 그 느낌을 유지할 수 있습니다.

• Item Story

1932년 선보였던 가스통 루이비통의 아이코닉한 디자인을 새롭게 재해석한 가방입니다. 프랑스어로 '새로운'이라는 뜻의 네오(Neo)와 노에 백이 결합해 기존 노에 백의 새로운 버전입니다. 노에 백이 1930년대에 와인 병을 운반하기 위해 만들어졌던 가방이었던 만큼 네오노에 역시 실용성과 심미성을 모두 갖췄습니다.

• Wearing Tips

오랜 역사를 가진 시그니처 라인인 만큼 다양한 소재로 출시되고 있습니다. 기본 모노그램, 다미에 에벤, 에삐뿐만 아니라 시즌에 따라 바이컬러 앙프렝뜨, 포르나세티 컬렉션 등 새로운 시도도 많이 볼 수 있습니다. 스트랩이 꽤 긴 편으로 넉넉하게 어깨에 걸쳐 사용하기 좋으며, 두꺼운 옷에도 불편함 없이 멜 수 있습니다.

Yulluv's Comment

"툭 걸친 듯한 러프함과 고급스러움을
동시에 느낄 수 있는 가방"

노에 라인은 네오노에의 MM과 BB 사이즈, 노에 BB, 노에, 나노 노에, 쁘띠 노에 등 다양한 사이즈가 있습니다. 모두 노에 라인을 재해석한 가방으로 스타일 자체는 비슷하지만 디테일이 꽤 다른 가방입니다. 버킷 형태의 수납력 좋고 아이코닉한 가방을 찾는다면 노에 라인 자체를 쭉 구경해보는 것도 좋습니다.

앙주 백
미니

Anjou Mini Bag

- 사이즈 20x20x10   - 소재 쉐브로슈 카프 스킨 레더, 고야딘 캔버스

고야드를 대표하는 생루이 백에서 영감을 얻어 고야딘 캔버스 라이닝을 더한 가죽 버전의 가방입니다. 기존 생루이 백 내부가 캔버스 소재였던 것과 달리 앙주 백은 내부가 카프 스킨으로 되어 있습니다. 고야드의 다채로운 색감을 가죽으로 그대로 살려서 굉장히 포인트감 있는 가방으로 사용할 수 있습니다. 또한 사이즈가 너무 크지 않으면서도 매일 사용하기 좋기 때문에 원마일 룩부터 출근 룩까지 다양한 스타일링이 가능한 가방입니다.

수납력 ★★★★★	사이즈는 생루이 백보다 확연하게 작아졌지만 장바구니 같은 넉넉한 형태를 유지하며, 화장품뿐만 아니라 미니 패드까지도 들어가는 실용적인 수납력을 가졌습니다.
가벼움 ★★★★★	고야드 하면 무게를 빼놓을 수 없겠죠? 안쪽이 가죽으로 되어 있지만 매우 가볍다는 장점이 있습니다. 물건을 많이 넣을 수 있는데다가 가볍기까지 해서 더욱 편안하고 다양한 활용이 가능합니다.
관리 ★★★★☆	고야딘 캔버스는 코팅 캔버스로 내구성이 매우 강한 편입니다. 안쪽 카프 스킨의 잔 스크래치에만 주의한다면 오랫동안 처음 그 느낌 그대로 사용할 수 있는 가방입니다. 핸들이 얇기 때문에 핸들이 꺾이게 보관하는 것은 피하세요.

● Item Story

쇼퍼 백 장인 고야드에서 출시된 귀여운 사이즈의 앙주 백은 출시 이후 꾸준히 사랑을 받고 있습니다. 기존 쇼퍼 백이 너무 커서 부담스러웠던 사람이나 자그마하고 가벼운 실용적인 가방을 찾는 사람들에게 특히 인기가 많습니다. 기존 클래식한 쇼퍼 백보다 귀여운 느낌도 많이 느낄 수 있기 때문에 더 낮은 연령층부터 높은 연령층까지 폭넓게 사용하기 좋습니다.

● Wearing Tips

고야드 쇼퍼 백의 특징인 리버서블한 활용이 더욱 돋보이는 가방이 바로 앙주 백입니다. 안쪽이 컬러감 있는 가죽으로 되어 있기 때문에 뒤집어서 사용하면 귀여운 가죽 백으로 활용할 수 있습니다. 이렇게 양쪽으로 모두 사용할 수 있는 점이 매우 큰 장점이고, 너무 꾸미지 않은 옷차림에 특히 잘 어울리는 가방입니다.

Yulluv's Comment

"적당한 사이즈와 부담 없는 무게로
활용도 높은 센스 만점 가방"

평소 정장보다는 캐주얼하고 스포티한 차림을 즐겨 입는다면 꼭 추천하고 싶은 가방입니다. 니트, 맨투맨, 후드 등 편안한 데일리 룩에 특히 찰떡이니까요. 사이즈 대비 가벼운 무게감과 넉넉한 수납력, 그리고 빼놓을 수 없는 아이코닉한 디자인까지 모든 조화가 완벽합니다.

스몰 아르코 토트백

Small Arco Tote Bag

- 사이즈 30x20x11.5 - 소재 카프 스킨

맥시 인트레치아토 공법이 돋보이는 스몰 아르코 토트백입니다. 깔끔하고 심플하면서 보테가베네타의 정체성도 느낄 수 있는 세련된 가방입니다. 기존 보테가베네타가 부모님 세대에게 추천하고 싶던 아이템이었다면, 요즘은 디자인이 다채로워지고 젊어지면서 부모님과 함께 사용하고 싶은 가방이지요. 넉넉한 사이즈로 출근할 때 들기 좋으며, 엄마의 모임 약속에도 고급스럽고 우아한 느낌으로 편안하게 들고 가기 좋습니다.

★ Yulluv-Star

수납력
★★★★★
사이즈 명칭은 스몰이지만 웬만한 미디엄 사이즈 가방보다 큰 부피와 수납력을 자랑합니다. 가로가 무려 30cm로 아이패드, 수첩, 파우치 등 부피감 있는 물건들을 수납하기 좋습니다.

가벼움
★★★☆☆
통가죽이 넓게 짜인 방식의 인트레치아토 공법을 사용한 가방으로, 무게는 묵직한 편입니다. 그렇지만 메탈 등의 다른 디테일을 최소화한 가방이기 때문에 들고 다니기에 부담스럽지 않은 무게입니다.

관리
★★★★☆
아르코 토트백은 오돌토돌한 그레이니 카프 스킨과 부드러운 카프 스킨, 그리고 신상인 주름진 풀라드 카프 스킨 세 종류로 나옵니다. 내구성과 스크래치를 생각한다면 그레이니 카프 스킨을 가장 추천합니다.

● **Item Story**

보테가베네타의 전 크리에이티브 디렉터 다니엘 리가 새롭게 출시한 아르코 라인은 크게 두 종류입니다. 2019년 겨울에 출시되어 지금까지 쭉 사랑받는 둥근 플랩 아르코 백과 여기서 소개한 사각 형태의 아르코 토트백입니다. 두 스타일 모두 멋스럽게 연출이 가능하며, 사이즈 역시 다양하게 출시되는 보테가베네타의 시그니처 가방입니다.

● **Wearing Tips**

깔끔한 토트백 스타일로 패턴이 있는 옷차림, 미니멀한 옷차림에 모두 잘 어울리는 만능 가방입니다. 물건이 빠지지 않도록 여며주는 가죽끈이 가운데 달려 있으며, 안쪽 물건이 너무 보이는 것이 싫다면 플랩이 달린 이너 백을 따로 구매해 사용하면 좋습니다.

Yulluv's Comment

"자연스러운 멋을 가져 고급스러우면서도 트렌디한 가방"

보테가베네타 토트백은 한마디로 멋 좀 아는 사람이 멜 것 같은 가방으로, 많은 패션계 인사들이 선택한 유명한 가방입니다. 사이즈는 캔디, 미니, 스몰, 미디엄, 라지 등으로 출시됩니다. 미니 사이즈도 가로가 25cm로 꽤 넉넉하기 때문에 수납과 스타일 두 마리 토끼를 잡았다고 할 수 있습니다. 보테가베네타의 다양한 색상, 시즌별 소재 등 매 시즌 신상을 기다리는 재미가 있는 라인이기도 합니다.

알마
BB

Alma BB

- 사이즈 23.5x17.5x11.5   - 소재 다미에 에벤 코팅 캔버스

루이비통의 역사 깊은 시그니처 라인인 알마 BB입니다. 대표적으로 모노그램 캔버스, 다미에 에벤 캔버스, 에삐, 모노그램 베르니 등 다양한 소재가 있으며, 그중 다미에 에벤 캔버스를 특히 추천합니다. 내구성이 강한 루이비통 캔버스에 다크한 브라운 컬러의 가죽 트리밍으로 오염과 스크래치 걱정 없이 정말 오랫동안 새것 같은 상태로 사용할 수 있습니다. 탈착이 가능한 스트랩이 있어 캐주얼한 크로스 백으로도 연출이 가능합니다.

수납력 ★★★★☆	밑면이 넓고 위로 올라갈수록 좁아지는 형태입니다. 지퍼가 아래 끝까지 내려오기 때문에 물건을 수납하기 편하며, 밑면이 넓어 통 파우치 등 부피감 있는 수납도 용이합니다.
가벼움 ★★★★☆	루이비통의 다미에 에벤 캔버스는 가벼움이 특징인 소재입니다. 바닥에 스터드, 자물쇠 장식 등이 있음에도 전체적인 무게는 굉장히 가볍습니다.
관리 ★★★★★	스크래치, 오염 등에 굉장히 강합니다. 특히 가죽 핸들과 아랫면 트리밍 역시 탄탄한 카프 스킨에 다크한 브라운 컬러로 마무리가 되어 있어서 관리가 매우 쉽습니다. 다만, 다미에 에벤이 아닌 모노그램 캔버스 소재의 가죽은 카우 하이드 가죽으로 오염과 햇빛에 굉장히 취약하니 꼭 기억해두세요.

• Item Story

루이비통 알마 백은 1930년대에 처음 출시된 역사가 깊은 가방입니다. 당시 코코 샤넬의 의뢰로 만들어졌습니다. 샤넬이 루이비통에서 가방을 주문 제작해서 사용했다는 점 자체가 굉장히 인상 깊지요. 사이즈는 미니, BB, PM 세 가지가 있으며 미니 사이즈는 탑 핸들이 없고 체인 백 형식으로 되어 있습니다. BB가 가장 무난하고 클래식하게 착용하기 좋은 인기 사이즈입니다.

• Wearing Tips

반달 형태의 토트백으로, 탑 핸들을 사용해 활용할 수도 있지만 가죽 스트랩을 이용해서 크로스 백이나 긴 숄더백으로도 멜 수 있습니다. 원피스 등의 옷차림에도 잘 어울리지만 캐주얼한 청바지나 후드 등 편안한 옷차림에도 잘 어울리기 때문에 하나 있으면 유행을 타지 않고 10년, 20년 잘 사용할 수 있는 가방입니다.

Yulluv's Comment

"1930년대부터 사랑받아온 클래식의 정수"

알마 라인은 알마와 네오 알마 라인이 따로 구분된다는 점이 독특합니다. 대부분의 루이비통 가방이 앙프렝뜨 가죽 라인 자체를 독자적으로 만들지는 않는 반면에 알마 라인은 앙프렝뜨 가죽 라인만 조금 다르게 독자적으로 만든다는 것이 특징입니다. 사이즈는 미세하게 네오 알마가 조금 큰 편이고, 앙프렝뜨 가죽의 고급스러운 분위기를 좋아하는 분이라면 네오 알마 라인을 보는 것도 추천합니다.

나노
러기지 백

Nano Luggage Bag

- 사이즈 20x20x10   - 소재 카프 스킨

2010년에 처음 출시된 셀린느 러기지 백은 미니멀하고 독창적인 디자인에 실용성까지 더해 지금까지 꾸준히 사랑받는 가방입니다. 가죽 덧댐과 스티칭으로 포인트를 주었는데, 양옆 곡선과 바디의 직선 조화가 정말 매력적입니다. 튼튼하면서도 언제 들어도 질리지 않고 스타일링을 확 살려주는 역할을 하는 가방이지요.

★ Yulluv-Star

수납력 ★★★★☆	셀린느의 사이즈 명칭은 실제 크기 대비 작게 되어 있다고 생각하면 될 정도로, 나노 사이즈임에도 넉넉합니다. 위쪽 지퍼를 열면 안쪽이 넓은 한 칸으로 되어 있어 일상용품 수납이 편하게 가능합니다.
가벼움 ★★★★☆	무게는 사이즈 대비 가볍진 않지만 묵직하다는 느낌은 들지 않습니다. 다만 나노 사이즈보다 한 사이즈 큰 마이크로 사이즈는 꽤 묵직하다는 점 참고하세요.
관리 ★★★★★	셀린느 러기지 백의 카프 스킨은 꽤 굵은 그레이니 카프 스킨입니다. 오돌토돌하게 가공된 만큼 스크래치와 흠집에 매우 강하고, 색깔도 톤 다운된 색이 많기 때문에 오염에도 강해 관리가 쉬운 가방입니다.

● Item Story

피비 파일로의 첫 2010 SS 컬렉션을 통해 소개된 러기지 백은 클래식 박스 백과 함께 국내외 패션 셀러브리티들의 찬사를 받으면서 '대기 리스트'를 부활시킨 가방입니다. '짐 가방'이라는 뜻의 이름처럼 수납이 넉넉합니다. 실용적이며 디자인까지 멋져서 지금까지도 꾸준히 사랑받는 스테디셀러입니다.

● Wearing Tips

스트랩이 긴 편이라 토트백으로 드는 것이 가장 예쁩니다. 다만 토트백으로 들기에 손잡이 사이즈가 넉넉하지 않다는 점은 약간 아쉽습니다. 피비 파일로의 작품인 만큼 그녀가 추구하던 미니멀리즘하고 툭 걸치는 듯한 차림에 특히나 잘 어울립니다. 평소 슬랙스와 니트, 셔츠 스타일링을 좋아한다면 편하면서도 스타일리시한 연출이 가능합니다.

Yulluv's Comment

"셀린느의 상징적이고 무드 있는 디자인에
내구성까지 갖춘 팔방미인 가방"

나노와 마이크로 사이즈가 있습니다. 처음 출시될 때에는 배색 디자인, 소재 포인트를 준 디자인 등 다양했지만 크리에이터가 바뀐 이후 많이 간소화되었습니다. 그렇지만 꾸준히 시그니처로 출시되며 실제로 사용해보면 '정말 잘 샀다'라는 마음이 듭니다. 한 번 사면 평생 잘 활용할 수 있는 팔방미인 가방입니다.

바게트 백

Baguette Bag

- 사이즈 27x15x6   - 소재 패브릭

1997년에 창업주의 손녀인 실비다 펜디가 디자인해 지금까지 역사가 이어지는 바게트 백입니다. 1990년대까지도 미니멀리즘이 대세였고 패션계에서는 저마다 뮤즈 이름을 따서 '에르메스의 버킨', '구찌의 재키' 등의 가방이 유행했습니다. 이때 혜성처럼 등장한 바게트 백은 뮤즈의 이름이 아닌 빵 이름으로 나타나 그야말로 새로운 흐름을 불러일으켰습니다. 바게트 백은 디테일을 다양하게 매 시즌마다 출시하다 보니 당시 유명인들 사이에서는 바게트 백을 디자인별로 수집하는 것이 유행이었다고 합니다. 이렇듯 오랜 역사를 가진 바게트 백은 지금도 굳건히 스테디셀러의 자리를 지키고 있습니다.

★ Yulluv-Star

수납력 ★★★★☆	가로가 넉넉하기 때문에 불편함 없이 수납할 수 있습니다. 옆면은 다소 좁은 편이지만 휴대폰, 지갑, 파우더, 립스틱 등이 들어가기에 충분합니다.
가벼움 ★★★★☆	펜디의 자카드 패브릭 소재는 매우 가벼운 편입니다. 당시 실용성을 중점으로 디자인됐던 만큼 가벼움도 빼놓을 수 없는 요소였겠지요?
관리 ★★★★☆	펜디 바게트 백은 정말 다양한 소재가 있습니다. 그중 자카드 패브릭은 튼튼한 편에 속합니다. 다만 루이비통의 모노그램이나 구찌의 GG 수프림과 같이 코팅된 소재는 아니기 때문에 오염과 습기에는 주의를 기울일 필요가 있습니다.

● Item Story

바게트 백은 유럽의 '국민 빵'이라 불리는 바게트를 사람들이 옆구리에 끼고 다니는 모습에서 영감을 받아 만들어졌습니다. 그래서인지 가로가 꽤 긴 것이 특징입니다. 실용적이고 가벼운 자카드 패브릭 소재로 출시되면서 단숨에 펜디의 시그니처로 자리잡았습니다.

● Wearing Tips

바게트 백은 탑 핸들을 이용해 토트백으로도 활용할 수 있고 굵고 긴 스트랩을 이용해 크로스 백으로도 연출할 수 있습니다. 'FF'가 로고 플레이 된 브라운 계열의 자카드 소재는 그 자체로 포인트가 됩니다. 셔츠 등의 깔끔한 차림이나, 퍼 재킷 등 화려한 차림, 혹은 티셔츠에 청치마처럼 캐주얼한 차림 등 어디에나 잘 어울립니다.

Yulluv's Comment

"외유내강이 떠오르는,
부드러움 속에 강인함을 가진 가방"

많은 브랜드의 스테디 라인은 모두 다양한 색상, 소재로 나오는 편입니다. 그중 단연 가장 다양하다고 할 수 있는 가방이 바로 바게트 백 라인이 아닐까 싶습니다. 그야말로 바게트 백 하나만으로도 컬렉션을 만들 수 있을 만큼 색상, 소재, 디테일, 포인트 모든 것이 다양합니다. 그 안에 펜디만의 아이코닉함이 녹아져 매력을 더합니다.

선셋
미디엄 백

Sunset Medium Chain Bag

- 사이즈 22x16x6.5   - 소재 카프 스킨

2016년에 출시된 비교적 따끈따끈한 스테디 백입니다. 기존 케이트 백의 견고함에 도톰한 부피감을 더해 새롭게 출시된 라인으로 생로랑 특유의 고급스러움과 시크함이 느껴집니다. 두 줄로 연출해 숄더백으로 활용할 수 있으며, 길게 메면 크로스와 긴 숄더백으로도 활용 가능합니다. 선셋 백은 생로랑 가방 중 탄탄함으로는 단연 1등이라고 해도 과언이 아닐 정도로 튼튼한 바디를 자랑합니다. 탄탄한 스테디 백을 찾는다면 특히 추천합니다.

수납력 ★★★☆☆	내부는 두 칸으로 나뉘어 있고 앞쪽에 작은 주머니가 하나 더 있는 구조입니다. 물건을 나누어 수납하기 좋습니다. 다만, 수납 칸 자체가 넓지 않은 편이라 얇고 작은 물건 정도의 수납이 가능합니다.
가벼움 ★★★☆☆	생로랑의 선셋 백은 무게감이 꽤 많이 느껴지는 가방입니다. 바디 자체가 튼튼하게 여러 겹 가공되어 있으며, 주머니도 있고 체인도 묵직하기 때문에 가벼운 가방을 찾는 사람에게는 추천하지 않는 스타일입니다.
관리 ★★★★☆	선셋 백은 크게 두 가지 소재로 나눌 수 있습니다. 부드러운 카프 스킨과 크로커다일 무늬가 새겨진 카프 스킨입니다. 스크래치에 강한 소재를 고르자면 크로커다일 소재가 단연코 좋습니다. 다만, 크로커다일 무늬가 부담스러운 사람은 스크래치의 가능성을 어느 정도 감수하고 카프 스킨을 고르기도 하니 참고하세요.

● Item Story

스몰, 미디엄, 뉴 미디엄, 라지 사이즈가 있습니다. 스몰 사이즈는 가로가 19cm, 뉴 미디엄은 25cm, 라지는 27cm입니다. 뉴 미디엄 사이즈는 기존 선셋 백과 달리 탑 핸들이 달렸습니다. 선셋 백의 각진 형태와 잘 어울리는 사첼 백 스타일의 가방으로도 연출할 수 있는 것이 특징입니다.

● Wearing Tips

시크하고 모던한 감성이 느껴지는 가방으로, 올블랙 코디에 스타일링하면 특히 멋스러운 연출이 가능합니다. 한 손에는 커피, 한쪽 어깨에는 선셋 백, 그리고 트렌치코트가 상상되나요? 커리어우먼에게도 딱 어울리지 않나요? 평소 재킷을 즐겨 입는 사람들, 정장 스타일의 옷차림을 좋아하는 사람들이라면 정말 센스 있고 멋있게 스타일링할 수 있는 가방입니다.

Yulluv's Comment

"세월이 흘러도 변함 없는 모양을 유지하고 싶다면!"

제가 사용해본 가방 중에 가장 단단한 바디를 가지고 있는 가방 중 하나입니다. 평소 가방을 사용하면 할수록 가방이 처지는 느낌이 드는 것이 싫고, 가방의 형태 무너짐 없이 오래 사용하고 싶다면 특히 추천합니다. 로고와 체인 컬러가 골드인지 실버인지에 따라 분위기가 살짝 다르기 때문에 평소 옷차림이나 퍼스널 컬러 등을 고려해 메탈 컬러를 고르는 것이 좋습니다.

나파 가죽 락스터드 스파이크 백 미디엄

Medium Nappa Rockstud Spike Bag

- 사이즈 23x16x6.5   - 소재 나파 램 스킨

발렌티노의 시그니처 스터드를 좀 더 작고 촘촘하게 활용해 화려함을 극대화한 스파이크 라인의 락스터드 백입니다. 전체적으로 빼곡한 퀼팅과 함께 모서리마다 스터드가 자리를 잡고 있어 굉장히 튼튼합니다. 소재는 양가죽으로 부드럽지만 스크래치가 날 틈이 거의 없는 디자인으로 만들어졌습니다. 작은 스터드들이 가죽을 보호하는 역할도 하기 때문에 굉장히 오랫동안 튼튼하게 사용 가능한 가방입니다.

수납력 ★★★☆☆	내부는 전체가 한 칸으로 되어 있으며 수납은 사이즈 대비 적절한 정도입니다. 파우더, 립스틱, 이어폰, 차 키, 휴대폰 등의 수납이 가능합니다.
가벼움 ★★★☆☆	스터드가 워낙 많기 때문에 몹시 무겁다고 여겨지지만 생각보다 스터드의 크기가 작아서 무게에 큰 영향을 주지 않습니다. 다만 체인 자체의 무게감이 꽤 있기 때문에 들었을 때 묵직한 정도입니다.
관리 ★★★★☆	나파 램 스킨의 경우 굉장히 부드러운 소재로 스크래치나 찍힘에 약하지만 이 디자인의 경우 자잘한 스터드들이 보호막 역할을 하기 때문에 스크래치가 거의 나지 않는 편입니다.

● Item Story

2016 FW 컬렉션에 처음 소개된 이후 브랜드를 대표하는 라인으로 자리 잡았습니다. 펑키한 분위기와 화려함이 공존하는 독특한 분위기가 느껴집니다. 사이즈는 스몰, 미디엄, 라지가 있습니다. 스몰 사이즈는 가로가 20cm로 앙증맞아 귀여운 액세서리 느낌으로 활용할 수 있습니다.

● Wearing Tips

위쪽을 앞머리처럼 감싸는 굵은 핸들은 탈부착이 가능합니다. 탑 핸들처럼 사용해도 되고, 장식으로 사용해도 되며 떼어서 좀 더 깔끔한 스타일로 활용해도 되는 가방입니다. 가방 하나로 다양한 스타일링이 가능하다 보니 하나 있으면 특별한 날 멋스럽게 사용하기 좋습니다. 또한 화려하기 때문에 연말에 특히 화려한 기분을 내기에도 안성맞춤입니다.

Yulluv's Comment

"섬세함 속에 녹아든 강인함을
느낄 수 있는 스타일리시한 가방"

나파 가죽 락스터드 스파이크 백은 가죽의 부드러움과 스터드의 강렬함이 동시에 느껴지는 오묘하고 매력적인 가방입니다. 요즘 발렌티노의 신상으로 로만스터드, 원스터드 등 커다란 스터드 가방들이 연이어 출시되고 있는데, 그러한 큰 스터드의 매력과는 또 다른 매력을 줍니다. 스파이크 스터드는 아마 꾸준히 매력을 발산하며 스테디셀러로 자리할 것으로 보입니다.

레이디 디올
스몰 백

Small Lady Dior Bag

- 사이즈 20x17x8   - 소재 까나쥬 양가죽

1995년에 탄생한 레이디 디올 백은 우아함과 아름다움에 대한 디올의 비전을 완벽하게 표현한 가방입니다. 세련되고 고급스러운 분위기를 연출하는 디자인으로, 세월이 흘러도 유행을 타지 않습니다. 예물 가방으로도 굉장히 인기가 많지요. 로고로 된 참 장식과 우아한 핸들, 그리고 나만의 개성을 완성할 수 있는 스트랩 배지 디자인까지 삼박자가 잘 어우러졌습니다. 이니셜이나 좋아하는 장식으로 스트랩 배지를 꾸밀 수 있다는 점은 제가 레이디 백에서 스몰을 가장 추천하는 이유 중 하나입니다.

수납력 ★★★☆☆	정사각형에 가까운 형태로 수납이 매우 잘될 것 같지만 생각보다 옆면 공간이 넓지 않고 입구가 좁은 편이라 수납은 평이합니다. 휴대폰 등 일상적인 수납은 편하게 가능하지만 파우치 등 부피감 있는 물건을 넣기에는 안쪽 공간이 다소 좁게 느껴질 수 있습니다.
가벼움 ★★★☆☆	견고하고 탄탄한 가방 형태, 그리고 굵은 스트랩, 화려하게 장식된 참 장식 등 디테일이 굉장히 많은 가방인 만큼 묵직한 편입니다. 편리하고 가벼운 가방을 찾는 분에게는 추천하지 않습니다.
관리 ★★★★☆	레이디 디올 백은 양가죽으로 굉장히 부드럽게 가공되었습니다. 그렇지만 까나쥬 퀼팅이 전체적으로 들어가서 이로 인해 양감이 생겨 스크래치에는 생각보다 강한 편입니다. 그렇지만 원체 부드러운 가죽이기 때문에 모서리 등 마모는 주의하는 것이 좋습니다.

● Item Story

레이디 디올 백은 영국의 다이애나 왕세자비에 대한 경의를 담아 붙여진 이름입니다. 프랑스의 퍼스트 레이디였던 마담 시라크는 자국을 방문하는 다이애나에게 줄 선물을 고민하던 차에, 디올에서 이제 막 새로 만들어낸 가방 '슈슈(chouchou)'를 떠올렸습니다. 슈슈를 다이애나에게 잘 어울리도록 우아함과 친근감을 부각시켜 디자인을 수정했다고 합니다. 그렇게 1990년대 패션 아이콘이 된 레이디 디올 백은 현재까지 꾸준히 사랑받고 있는 스테디셀러입니다.

● Wearing Tips

레이디 디올 스몰 사이즈는 다양한 색상으로 출시됩니다. 검정색과 같은 클래식 컬러는 시크한 멋이 느껴지며 포멀한 정장이나 캐주얼한 청바지 옷차림 등 어디에나 잘 어울립니다. 특히 사랑스러운 색상이 많기 때문에 평소 원피스와 같은 옷차림을 즐겨 입는 사람이라면 포인트를 주는 색상을 선택하는 것도 좋습니다.

Yulluv's Comment

"30년 넘게 사랑받고 있는 디올의 상징 그 자체"

역사가 오래된 가방인 만큼 다양한 사이즈가 있습니다. 마이크로, 미니, 스몰, 미디엄, D-joy 등 조금씩 다른 매력을 느낄 수 있는 가방들을 만날 수 있습니다. 특히 D-joy 백은 가로 비율이 많이 넓어져 색다른 분위기를 자아냅니다.

트위스트
MM

Twist MM

- 사이즈 23x17x9.5   - 소재 에삐 그레이니 카우하이드 가죽

세련미와 고급스러움을 가득 담은 루이비통 시그니처 트위스트 백입니다. 가운데 버클 잠금장치는 V 락을 돌려 LV 로고를 완성하는 굉장히 독특하고 재미있는 디자인입니다. 실버와 골드 두 색상 모두 매력이 있으며 도시적이고 고급스러운 분위기를 연출합니다. 옆면 바닥 모양이 물결 모양인 것이 특징이며, 우아하고 세련된 멋이 느껴지는 가방입니다.

수납력

★★★☆☆

가로가 23cm로 넉넉한 사이즈이지만 플랩이 꽤 단단한 느낌이고 활짝 열리지 않기 때문에 수납을 할 때 편하지는 않습니다. 그렇지만 내부가 한 칸으로 넓은 편이기 때문에 작은 화장품, 휴대폰, 이어폰 등의 수납은 가능합니다.

가벼움

★★★☆☆

트위스트 라인은 전체적으로 꽤 무게가 나가는 편입니다. 에삐 가죽 자체도 탄탄하게 들어가 있고 아랫면 곡선 디자인, 그리고 커다란 LV 트위스트 잠금장치 또한 묵직하게 만드는 요소라고 할 수 있습니다.

관리

★★★★★

루이비통의 에삐 가죽은 수평의 결을 가진 가죽으로 내수성이 높고 스크래치에 강합니다. 견고하면서도 유연하고 부드럽기 때문에 관리가 쉬운 편입니다.

● Item Story

트위스트 라인은 2015 크루즈 컬렉션에서 처음 출시된 가방으로 니콜라 제스키에르의 작품입니다. 가방 중앙의 V 잠금장치를 옆으로 돌려 연다고 해서 '트위스트'라는 이름이 붙었습니다. 트위스트 라인은 에삐 가죽으로 제작되는 것이 특징이며 역사가 오래되진 않았지만 굳건한 스테디 라인으로 꾸준히 사랑받고 있습니다.

● Wearing Tips

특유의 고급스럽고 세련된 느낌이 많이 느껴집니다. 평소 루이비통의 로고 플레이를 별로 안 좋아하는 분들이 특히 눈여겨보면 좋을 깔끔한 디자인입니다. 체인을 활용해 숄더백이나 크로스 백으로도 활용할 수 있습니다.

Yulluv's Comment

"독창적인 작품을 보는 듯한
버클 포인트가 매력적인 클래식 백"

루이비통의 시그니처 라인인 만큼 매 시즌마다 다양한 디테일을 더해 출시되는 가방입니다. LV 로고가 가방과 동일한 색깔로 덧대어진 디자인, 색깔을 다르게 해 포인트를 준 디자인, 탑 핸들이 달린 디자인 등 시즌별로 다양한 변화를 줍니다. 미니, PM, MM, 벨트 파우치, 원 핸들 등 사이즈와 디테일이 굉장히 다양해서 취향에 따라 고르기 좋습니다.

GG 마몽 스몰 마틀라세 숄더백

GG Marmont Small Shoulder Bag

- 사이즈 26x15x7   - 소재 카프 스킨

2018 캐리오버 컬렉션에서 처음 등장한 가방입니다. 스테디 백 중에 가장 짧은 역사를 가졌지요. 출시되자마자 특유의 고풍스러움과 클래식한 분위기로 큰 사랑을 받았습니다. 미니, 스몰, 미디엄, 탑 핸들, 카메라 백, WOC 백 등 다양한 사이즈와 스타일로 영역을 넓혔습니다. 체인을 두 줄로 만들어 숄더백으로도 연출할 수 있고, 길게 활용해 크로스 백 등 캐주얼한 연출도 가능합니다.

수납력 ★★★★☆	스몰 사이즈이지만 가로가 26cm로 수납은 매우 넉넉합니다. 옆면은 크게 넓지 않기 때문에 부피감 있는 물건보다는 일상적인 수납을 편안하게 할 수 있는 정도의 크기입니다.
가벼움 ★★★★☆	비슷한 크기의 체인 백에 비해 무게는 꽤 가벼운 편입니다. 그렇지만 커다란 로고, 체인 등 디테일이 있는 만큼 절대적으로 가볍다고는 할 순 없습니다. 무게가 약 650g 정도로 일상용으로 사용하기에는 괜찮은 정도입니다.
관리 ★★★☆☆	카프 스킨 가죽에 W 모양, 그리고 곡선 모양의 퀼팅이 들어간 것이 특징입니다. 워낙 부드러운 가죽이기 때문에 스크래치나 찍힘 등을 주의하는 것이 좋으며 사용하다 보면 전체적인 모양이 쳐질 수 있으니 참고하세요.

● Item Story

자석으로 된 잠금장치가 있는 플랩 백입니다. 고풍스러운 금속을 사용해 클래식하고 레트로한 분위기를 많이 풍기며, 최근 새로운 퀼팅을 적용한 신상 숄더백도 출시됐습니다. 금장 로고의 기본 디자인과 달리 신상은 실버를 활용해 좀 더 캐주얼하고 가벼운 분위기를 연출합니다.

● Wearing Tips

볼드한 체인 장식이 특징이며 짧게 메면 숄더백, 길게 한쪽으로 연출하면 크로스 백으로 멜 수 있는 가방입니다. 체인 길이가 꽤 긴 편이라 키가 크지 않다면 크로스보다는 숄더로 메야 더 알맞게 잘 어울립니다. 체구가 작다면 스몰 사이즈보다는 미니 사이즈가 더 잘 어울릴 수 있으니 가방의 사이즈 명칭보다는 실제 치수를 확인하고 고르기를 추천합니다.

Yulluv's Comment

"매 시즌 다양한 포인트 컬러로
변화를 느낄 수 있는 구찌를 대표하는 가방"

GG 마몽 마틀라세 숄더백 라인은 커다란 구찌의 로고가 있지만 크게 튀지 않습니다. 전체적으로 고풍스러운 분위기가 많이 나서 평소 레트로한 패션을 좋아하거나 연령대에 상관없이 오랫동안 가방을 사용하고 싶다면 특히 추천합니다. 검정색 외에도 구찌의 시그니처 누드 컬러는 우아하면서도 러블리한 분위기를 연출할 수 있습니다.

미니
피카부
Peekaboo Mini

- 사이즈 23x18x11   - 소재 카프 스킨

2009년 첫 출시 이후 꾸준하게 사랑을 받으며 펜디의 대표 스테디 가방으로 자리 잡았습니다. 피카부는 크게 미니 피카부 백, 피카부 백 에센셜리, 레귤러 피카부 백, 라지 피카부 백 등의 라인업으로 나눠지며 I SEE YOU 라인도 선보이며 다양한 변화를 보여주고 있습니다. 피카부 백은 스티칭 포인트나 색상, 소재를 매 시즌마다 다채롭게 변화시킵니다. 펜디의 시그니처이면서도 포인트를 주는 디자인의 가방입니다.

수납력 ★★★☆☆	사이즈는 작지만 가죽이 워낙 부드럽고 유연해 물건을 수납하기에 적당합니다. 가운데 핸들을 중심으로 두 칸으로 나뉘어져 있으며 일상적인 소지품인 휴대폰, 화장품, 이어폰 등의 수납이 가능합니다.
가벼움 ★★★★☆	전체가 가죽으로 되어 있고 견고한 편임에도 무게는 꽤 가볍습니다. 펜디의 가방 자체가 대체적으로 가볍고 내구성이 좋은 편이기 때문에 실용적이고 오래 사용할 가방을 찾는 사람들에게 특히 추천합니다.
관리 ★★★★☆	펜디 피카부 라인은 다양한 가죽으로 출시되고 있습니다. 피카부 아이코닉 미니는 부드러운 카프 스킨으로 되어 있으니 찍힘이나 스크래치에 주의하세요. 가장 튼튼한 샐러리아 가죽으로 된 가방도 있으니 참고하세요.

● Item Story

미니 사이즈를 제외하면 양쪽 외피를 까고 들 수 있게 모양이 잡히면서 가방 안쪽의 독특한 안감이 살짝 보입니다. 그래서 안쪽 색감이 중요한 포인트입니다. 여기에 장식을 넣는 등 여러 모양으로 꾸밀 수도 있습니다. '까꿍'이라는 뜻의 피카부 이름이 잘 어울리는 디자인이지요. 피카부 백은 여성 제품뿐만 아니라 남성용 토트백으로도 출시되고 있습니다.

● Wearing Tips

펜디 피카부 라인은 자연스럽게 착용하면 멋스럽습니다. 미니 사이즈는 안감이 보이게 사용할 수는 없지만 정면 버클을 모두 닫아주는 느낌과 열 때의 느낌이 다르기 때문에 분위기에 따라 다채로운 연출이 가능합니다. 숄더 스트랩은 탈부착이 가능하며 스트랩이 굉장히 굵은 편이기 때문에 캐주얼한 옷을 입었을 때에는 크로스로 메면 귀여움과 발랄한 분위기도 느껴집니다.

Yulluv's Comment

"볼수록 매력적인 펜디의 대표적인 스테디 아이템"

피카부 라인은 대표적인 펜디의 시그니처 라인으로 매 시즌마다 다양한 색상과 소재, 디테일을 더해 출시되고 있습니다. 최근 미니 사이즈보다 더 작은 쁘띠 사이즈도 출시되었습니다. 쁘띠 사이즈는 가로가 20cm로 미니 사이즈보다 약간 더 작으며 I SEE YOU 라인으로 탄탄한 바디가 특징입니다. 유행을 타지 않는 가방, 그중에서도 디자인이 흔하지 않은 가방을 찾는다면 특히 추천하고 싶은 가방입니다.

클래식 플랩 백

Classic Handbag

- 사이즈 25.5x15.5x6.5   - 소재 캐비어, 램 스킨

1983년에 처음 출시된 샤넬 클래식 플랩 백은 지금까지 꾸준히 스테디셀러로 사랑을 받고 있습니다. 시즌 컬러도 물론 인기가 많지만 단연 구하기 어려운 컬러는 검정색입니다. 로고와 체인에 실버 메탈을 사용한 디자인과 골드 메탈을 사용한 디자인이 있는데, 두 메탈이 주는 분위기의 차이가 있어서 평소 어떤 옷차림과 분위기를 좋아하는지에 따라 고르는 편이 좋습니다. 골드는 우아하고 고급스러움이 극대화되며, 실버는 캐주얼한 느낌을 연출하기에 제격입니다.

★ Yulluv-Star

수납력 ★★★☆☆	가로가 25.5cm로 수납이 넉넉할 것 같지만 안쪽이 생각보다 좁습니다. 휴대폰, 파우더, 립스틱, 이어폰 등 일상 수납이 딱 가능한 정도의 수납공간만 있습니다.
가벼움 ★★★☆☆	샤넬 클래식 플랩 백은 플랩이 두 겹으로 디자인되었고, 굉장히 탄탄하게 제작된 가방입니다. 또한 체인에 가죽이 엮인 포인트 때문에 무게감은 사이즈 대비 묵직하게 느껴집니다.
관리 ★★★★☆	샤넬 캐비어 스킨의 경우 오돌토돌하게 가공된 소가죽으로 튼튼함을 자랑하는 소재입니다. 다만 캐비어 스킨이 아닌 램 스킨을 구매하게 된다면, 체인 찍힘 자국이 나지 않도록 주의하는 것이 좋습니다. 찍힘 자국이 나면 잘 돌아오지 않는 경우가 많기 때문입니다.

• Item Story

1983년, 샤넬 하우스에 합류한 칼 라거펠트가 선보였던 11.12 백이 지금은 클래식 플랩 백이라고 불리는 가방입니다. 아이코닉한 2.55 백을 재해석해 만든 가방이며, 클래식 라인인 만큼 기본 색상과 소재 외에도 매 시즌마다 패브릭, 데님, 참 장식 플랩 백 등으로 다양하게 디자인됩니다.

• Wearing Tips

가죽 체인을 양쪽으로 해 짧은 숄더백으로 활용할 수 있으며 한쪽을 길게 늘이면 크로스 백으로도 연출이 가능합니다. 숄더로 멘을 때는 포멀한 느낌이 많이 드는 반면에 크로스 백으로는 캐주얼한 분위기까지 연출할 수 있기 때문에 옷차림에 따라 다양한 활용을 할 수 있다는 장점이 있습니다.

Yulluv's Comment

"40년 동안 이어져온 역사와 그 속에 담긴 가치까지
함께 느낄 수 있는 샤넬의 상징"

샤넬 클래식 플랩 백은 스테디 아이템의 대표 주자로 소개를 빼놓을 수 없는 가방입니다. 다만 가격대가 너무 높게 올라버린 탓에 쉽게 추천하기 어렵게 되었지요. 그래서 가장 마지막으로 추천하는 가방이고, 개인적으로 덜 부담스러운 대체 라인으로 클래식 뉴 미니 17cm도 추천합니다. 가격대는 확 낮아지면서 클래식 라인의 시그니처는 품은 조금 아담한 클래식 백입니다.

SPECIAL BAG

취향 만족 가방

이 계절엔 내가 주인공! 계절 맞춤 가방

미니 백 취향러를 위한 앙증맞은 가방

지금까지의 가방들이 다소 무난하게 느껴졌나요? 그렇다면 지금부터 더욱 집중해주세요. 이번에는 취향을 콕콕 파고드는 독특함을 느낄 수 있는 취향 저격 가방을 소개할게요.

첫 번째, 계절 맞춤 가방입니다. 대부분 명품 가방을 살 때 사계절용을 선호하지만 때론 특별한 계절에 더욱 빛을 발하는 디자인을 찾기도 하지요. 예를 들면 여름에 들면 그야말로 주인공이 되는 잇백, 다른 계절에는 덜 어울리더라도 겨울철만큼은 매일 사용할 수 있는 포근한 가방 등이 있겠죠?

두 번째, 미니 백 취향러를 위한 앙증맞은 가방입니다. 지금까지는 수납과 실용성까지 함께 고려한 가방들을 봤다면, 이번에는 정말 액세서리와 가방 그 경계에 선 작고 귀여우며 매력적인 디자인을 소개합니다. 대부분 사이즈가 작아 휴대폰도 들어가지 않을 정도지만 두 번째 가방으로 디자인적 가치가 충분한 아이템들입니다.

스몰 스퀘어 바스켓 백

Small Square Basket Bag

- 사이즈 26.5x20.5x10   - 소재 라피아, 카프 스킨

여름에 어울리는 가방을 찾는다면 가장 먼저 추천하고 싶은 가방입니다. 라피아 소재
와 고급스러운 카프 스킨이 함께 어우러진 디자인으로 로에베의 가죽 로고, 그리고 핸들
포인트까지 조화로운 매력이 돋보입니다. 또한 굉장히 안정적인 디자인으로, 포인트 가
방뿐만 아니라 여름 내내 출근용 가방으로도 활용하기 좋습니다.

★ Yulluv-Star

수납력 ★★★★★	바구니 형태의 가방으로 수납이 매우 잘 되는 가방입니다. 아랫면이 넓고 위쪽으로 라피아 섬유가 탄탄하게 잡아주는 형태로, 부피감 있는 물건도 편안하게 수납할 수 있습니다.
가벼움 ★★★★☆	라피아 소재 특유의 가벼운 맛이 있는 가방입니다. 여름철에 기분까지 시원해지는 소재에 가볍기까지 해서 그야말로 여름용 가방으로 안성맞춤입니다.
관리 ★★★★☆	라피아는 라피아야자의 잎에서 얻은 섬유로 만들어졌으며, 잎의 조직이 연하면서도 결합력이 강해 만질 때는 부드럽지만 완성된 가방은 탄탄합니다. 가끔 꼬임이 삐져나오는 부분이 있지만 대체로 관리가 편한 가방입니다.

• Item Story

1846년 설립된 스페인 명품 브랜드 로에베는 가죽에 대한 자부심을 지녔을 뿐만 아니라 끊임없는 혁신에 도전하는 브랜드입니다. '가죽 장인'이라는 수식어가 붙었지요. 로에베에서 출시한 라피아 백은 당시 엄청난 반향을 일으켰습니다. 가죽 장인 브랜드답게 라피아에서만 그치지 않고 로에베 가죽 로고, 핸들 포인트 등을 부드러운 가죽으로 덧대어 가벼우면서도 세련된 미를 완성했습니다.

• Wearing Tips

나들이나 가벼운 여행복에 특히 잘 어울리는 가방입니다. 시원해보이면서도 고급스러운 분위기를 풍기며, 긴 원피스, 플라워 패턴 스커트, 청바지 등 다양한 캐주얼 옷차림에 매치하기 좋습니다. 스트랩이 꽤 길기 때문에 어깨에 걸쳐 멜 수 있으며 한쪽 팔에 끼워 토트백으로 사용해도 됩니다. 한 쪽으로 길게 내려온 가죽 스트랩이 또 하나의 포인트로 밋밋하지 않은 스타일을 완성합니다.

Yulluv's Comment

"실용성과 디자인적 심미성을 동시에 지닌 카멜레온 가방"

라피아 가방은 하나 있으면 여름 내내 패셔너블하게 활용할 수 있는 아이템입니다. 가죽 덧댐으로 고급스러운 멋까지 느껴지기 때문에 다양한 옷에 활용할 수 있지요. 워낙 수납도 잘 되는 가방이기 때문에 한강 같은 가벼운 피크닉을 갈 때 도시락이나 과일 등을 넣어가는 것도 새롭고 좋겠지요?

테리
토트백

Terry Tote Bag

- 사이즈 40x34x16   - 소재 테리

테리(Terry)란 파일직물 중 타월지와 같이 보풀을 잘라내지 않은 직물을 뜻합니다. 수건과 퍼의 중간 소재로 굉장히 따뜻한 느낌을 주지요. 프라다에서는 매 겨울 시즌마다 테리 소재의 신상 가방을 출시하고 있는데, 그중 시그니처 로고 레터링 디자인을 추천합니다. 리에디션 라인에도 동일한 디자인이 있고, 토트백의 경우 사이즈까지 넉넉해 이런저런 짐이 많은 겨울철에 데일리 백으로 활용하기 정말 좋습니다.

★ Yulluv-Star

수납력 ★★★★★	가로 40cm, 폭 16cm로 수납이 정말 넉넉한 가방입니다. 출근용뿐만 아니라 가벼운 여행을 갈 때 짐을 넣는 용도로도 들기 좋기 때문에 겨울철 내내 다양한 활용이 가능합니다.
가벼움 ★★★★☆	테리 소재 자체가 꽤 가볍기 때문에 사이즈 대비 무게는 가볍습니다. 비슷한 크기의 다른 가죽 백과 비교하면 차이를 크게 느낄 수 있습니다.
관리 ★★★☆☆	소재의 특성상 먼지가 꽤 많이 붙는 편입니다. 밝은 컬러의 경우 덜하지만 블랙 테리 소재의 프라다 백을 고른 경우에는 먼지나 털 등이 묻는 것은 계속해서 신경 써야 합니다. 또한 힘 있는 소재가 아니기 때문에 사용하다 보면 가방이 쳐지는 느낌이 들 수 있으니 유의하세요!

● Item Story

테리 소재는 타월과 비슷한 느낌이다 보니 겨울철뿐만 아니라 여름철에 바캉스 갈 때에도 많이 활용하는 가방입니다. 여름과 겨울, 두 계절이 함께 공존할 수 있다는 점이 굉장히 매력적으로 다가오지요. 프라다의 시그니처 로고 레터링이 정면에서 존재감을 확실히 나타나는 것이 특징입니다.

● Wearing Tips

사이즈가 굉장히 넉넉한 가방으로 무심한 듯 툭 걸쳐줄 때 가장 멋스러운 분위기를 풍깁니다. 가을, 겨울 재킷 차림에도 잘 어울리고 한겨울 패딩에도 잘 어울립니다. 또한 벨벳 소재와도 궁합이 좋아서 벨벳 원피스, 목이 올라오는 양말에 함께 매치하면 센스 있으면서도 아이코닉한 코디를 완성할 수 있습니다.

Yulluv's Comment

"겨울을 기다려지게 하는 사랑스러운 가방"

정말 많은 분들이 "패딩에 어울리는 명품백이 뭐가 있을까요?"라고 궁금해합니다. 추운 겨울 패딩에 메려니 평소 메던 명품백은 잘 안 어울리고 그렇다고 코트를 입자니 날씨가 너무 춥지요. 그럴 때 테리 토트백 하나만 있으면 매 겨울 패션과 보온 두 마리 토끼를 모두 잡을 수 있습니다.

틴 트리옹프
클래식 파니에

Teen Triomphe Classic Panier

- 사이즈 20x19x10   - 소재 라피아, 카프 스킨

셀린느의 여름 시그니처 틴 트리옹프 클래식 파니에 가방입니다. 전체적으로 라피아 소재를 사용했고 트리옹프 로고를 가죽으로 고급스럽게 덧댄 디자인이 특징입니다. 핸들과 로고, 스트랩 모두 클래식한 탄 컬러로 세련된 멋을 느낄 수 있습니다. 로에베 바스켓백과 비교했을 때 조금 더 밝은 색감이 특징이며, 형태 자체가 훨씬 더 곡률감 있고 역동적이기 때문에 평소 좋아하는 분위기와 취향에 따라 고르는 것을 추천합니다.

★ Yulluv-Star

수납력 ★★★★☆	밑면 사이즈는 가로 20cm로 썩 크지 않지만 위로 갈수록 넓어지는 디자인이기 때문에 수납이 잘 되는 편입니다. 다만 열려 있는 공간이 큰 만큼 물건을 너무 많이 넣으면 쏟아질 수 있으니 유의하세요!
가벼움 ★★★★★	라피아 소재의 특성상 크기 대비 매우 가볍습니다. 가죽 덧댐 장식이 있지만 큰 부분을 차지하지 않기 때문에 가볍게 외출용 가방으로 사용하기 좋습니다.
관리 ★★★☆☆	곡률감 있는 형태로 라피아가 엮어진 만큼 평평한 가방보다는 정갈하지 않는 느낌을 줍니다. 그러다 보니 군데군데 튀어나오는 부분도 많이 생길 수 있다는 점을 기억하세요.

• Item Story

여름철에 가장 먼저 생각나는 라피아 소재로 제작된 셀린느의 시그니처 클래식 파니에 라인입니다. 명품 라피아 백의 선두주자라고 할 만큼 처음부터 센세이셔널한 반응을 이끌었고 꾸준히 사랑받고 있는 스테디셀러입니다. 피크닉과 잘 어울리는 형태와 분위기를 가진 가방이기 때문에 해변을 갈 때, 나들이를 갈 때 모두 편안하면서도 센스 있게 스타일을 완성할 수 있습니다.

• Wearing Tips

라피아 소재의 토트백 중 거의 유일하게 긴 스트랩이 함께 있는 디자인입니다. 토트가 짧은 편이기 때문에 팔에 끼워 사용하거나, 따로 달려 있는 긴 스트랩을 이용하여 숄더백으로 활용할 수 있습니다. 다만 가방 자체의 부피감이 워낙 크다 보니 크로스 백처럼은 연출이 어렵습니다.

Yulluv's Comment

"라피아도 시그니처가 될 수 있다는 걸 보여준 저력의 가방"

매 시즌마다 다양한 컬러, 사이즈로 출시되고 있습니다. 기본 사이즈 외에도 정말 귀여운 마이크로 사이즈도 있으며 탄 컬러뿐만 아니라 시즌 컬러인 레드, 핑크, 그린 등 톡톡 튀는 컬러도 큰 사랑을 받고 있지요. 라피아와 브라운 조합이 조금 식상하게 느껴진다면 새로운 컬러에 도전해보는 것도 좋습니다.

퀼트 램 스킨 푸퍼 미디엄백

Puffer Medium Chain Bag in Quilted Lambskin

- 사이즈 35x23x13.5   - 소재 램 스킨

생로랑의 모노그램, 그리고 퀼팅을 활용한 푸퍼 미디엄 백입니다. 램 스킨을 굉장히 부피감 있게 퀼팅해 제작했습니다. 램 스킨이지만 패딩 느낌이 나는 폭신한 매력이 특징입니다. 그래서 겨울철에 특히 생각나는 가방이기도 합니다. 전체적으로 사이즈가 넉넉하고 부피감까지 있어서 존재를 확실히 드러내지요. 가운데 카산드라 로고의 세련됨과 푸퍼 퀼팅의 자연스러운 멋이 만나 매력을 극대화합니다.

★ Yulluv-Star

수납력 ★★★★★	한눈에 보기에도 크고 내부가 넓고 밑면도 넉넉한 편이라 수납이 정말 잘 됩니다. 작은 용품 수납부터 아이패드, 수첩 등 부피가 나가는 물건들까지 쏙쏙 잘 들어갑니다.
가벼움 ★★★☆☆	전체적으로 램 스킨에 플랩 디테일, 그리고 생로랑의 두꺼운 체인 때문에 무게는 묵직합니다. 내부에 물건도 많이 들어가기 때문에 수납을 하고 나면 더욱 무겁게 느껴질 수 있습니다.
관리 ★★★★☆	부드러운 램 스킨이 폭신하게 처리가 되었기 때문에 스크래치에는 생각보다 강한 편입니다. 또한 퀼팅을 따라 각을 잡아주기 때문에 관리가 용이합니다. 다만 사용하다 보면 자연스럽게 쳐지는 느낌이 들 수는 있습니다.

• Item Story

생로랑 푸퍼 백은 스몰과 미디엄 사이즈로 출시되었는데 미디엄 사이즈는 확실히 더 가볍게 착용이 가능합니다. 바디 전체에 폭신푹신한 퀼팅이 들어가 따뜻한 분위기를 연출할 수 있어서 봄, 여름보다는 쌀쌀해지는 가을부터 겨울철에 더 잘 어울립니다. 생로랑의 카산드라 로고를 중앙에 배치하여 아이코닉함을 살리고 소재를 새롭게 재해석한 멋을 가진 가방입니다.

• Wearing Tips

체인을 활용해 두 가지 스타일로 연출이 가능합니다. 두 줄을 어깨에 걸쳐 숄더백으로 사용할 수 있고, 한 쪽을 길게 늘여 뜨려 긴 숄더백 혹은 크로스 백으로도 사용이 가능합니다. 다만 가방 사이즈가 워낙 크다 보니 숄더백으로 착용할 때의 비율이 가장 예쁘고, 체인을 돌돌 손에 감아 클러치처럼 연출해도 멋있는 스타일링을 완성할 수 있습니다.

Yulluv's Comment

"통통한 양감이 매력적인 FW 시즌 잇백"

소재 연출의 특성상 가을과 겨울에 특히 잘 어울립니다. 보기에 패딩스럽지만 사실은 램 스킨이기 때문에 다른 계절용 가방에 비해 다른 계절에 사용해도 괴리감이 없다는 것이 또 큰 장점입니다. 예를 들면 가을, 겨울에 특히 생각나지만 봄, 여름에도 충분히 먹을 수 있는 호빵 같은 가방이라고나 할까요?

마르시 스몰 새들 백

Marcie Small Saddle bag

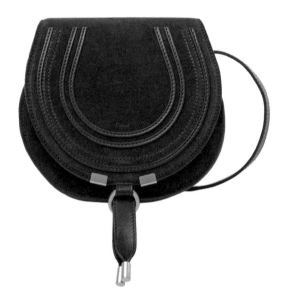

- 사이즈 19x17x10   - 소재 스웨이드, 카프 스킨

끌로에 마르시 스몰 새들 백은 바이컬러 스웨이드와 그레인드 카프 스킨으로 제작되어 따뜻한 분위기를 느낄 수 있는 가방입니다. 스웨이드 특유의 부드럽고 온화한 감성과 톤 다운된 색감이 가을, 겨울철에 특히 잘 어울립니다. 마르시 라인은 끌로에의 대표 시그니처 라인으로 매 시즌마다 새로운 색상, 디테일로 출시되고 있습니다. 그중 스몰 새들 백은 귀엽고 앙증맞은 가방을 찾는 사람에게 특히 추천합니다.

★ Yulluv-Star

수납력 ★★★☆☆	사이즈가 작고 라운드 형태의 가방이라서 수납은 넉넉하지 않습니다. 그래도 밑면이 꽤 넓은 편이라 화장품, 이어폰, 지갑 등 수납은 충분히 가능합니다.
가벼움 ★★★★☆	데일리용으로 쓰기 적당한 무게감을 가진 가방입니다. 스웨이드와 카프 스킨이 사용됐고 아래쪽 태슬 포인트도 있어서 무거울 수 있지만 사이즈 자체가 작으니 전체적인 무게는 가벼운 편입니다.
관리 ★★★☆☆	스웨이드는 관리가 어려운 대표적인 소재입니다. 가죽의 안쪽 면을 사용하는 소재인 만큼 부드러운 듯하지만 결이 거칠고 한 번 오염이 되면 복구가 어렵습니다. 틴트나 청바지 이염에 특히 주의해야 합니다.

● Item Story

귀여움과 고급스러움이 공존하는 분위기의 마르시 백은 꾸준히 스테디셀러로 사랑받는 가방입니다. 특유의 곡선감과 따뜻한 질감으로 히피한 스타일을 좋아하는 사람, 보헤미안 감성을 좋아하는 사람들에게 특히 인기가 많습니다. 가방 디자인 자체에 '끌로에스러움'을 담고 있지만 그것을 부담스럽게 표현하지 않는 은은한 가방이다 보니 입문자가 활용하기 좋은 아이템입니다.

● Wearing Tips

마르시 스몰 숄더백은 가죽 스트랩이 꽤 굵직한 편이라 캐주얼한 무드를 많이 느낄 수 있습니다. 크로스나 긴 숄더백으로 스타일링할 수 있으며 가을철 체크 재킷, 혹은 울 재킷, 겨울철 코트에 매치하면 가장 잘 어울리게 활용할 수 있습니다.

Yulluv's Comment

"끌로에의 상징적인 따뜻함과
곡선미가 어우러진 최고의 걸작"

매 시즌마다 다양한 색으로 출시되는 끌로에의 스테디 라인인 만큼 색상을 선택하는 재미가 있습니다. 색깔이 대부분 따뜻하게 톤 다운되어 있기 때문에 튀는 색이 부담스러운 사람들에게 특히 추천하는 가방입니다. 옷장이 점점 어두워지는 가을, 겨울철에 살짝 색이 들어간 끌로에 마르시 스몰 새들 백으로 기분 전환을 해보는 것은 어떨까요?

퀴르 트리옹프
크로스바디 오벌 펄스

Crossbody Oval Purse Cuir Triomphe

- 사이즈 16x12.5x4   - 소재 카프 스킨

따끈따끈한 2022년 신상으로 미니 백을 좋아하는 사람들의 마음을 뒤흔든 귀여운 가방입니다. 타원형의 부드러운 형태에 가운데 퀴르 트리옹프 라인의 시그니처 가죽 로고 장식이 웅장함과 귀여움을 동시에 느낄 수 있게 합니다. 첫 출시 때에는 블랙과 탄, 두 컬러로만 나왔지만 바로 이어서 레드, 핑크, 그린, 배색 등 시즌별 컬러가 연이어 나오고 있습니다.

★ Yulluv-Star

수납력 ★★☆☆☆	작고 납작한 타원형 가방이다 보니 파우더, 립스틱, 차 키 정도의 수납만 가능합니다. 또한 입구가 좁아 더욱 수납이 불편하게 느껴집니다.
가벼움 ★★★★☆	무게는 매일 사용하기에 가벼운 편입니다. 메탈 장식 등이 전혀 없이 카프 스킨으로만 덧대어진 디자인이다 보니 가볍습니다.
관리 ★★★★☆	카프 스킨 소재 자체는 스크래치가 잘 나지만 워낙 손이 닿는 면적 자체가 작기 때문에 크게 신경 쓰지 않고 편하게 사용할 수 있습니다.

• Item Story

셀린느의 신상 라인인 퀴르 트리옹프 라인은 기존 트리옹프 로고를 가죽으로 크게 덧대어 표현한 것이 특징입니다. 퀴르 트리옹프는 오벌 백 외에도 버킷 백, 숄더백 등 다양한 스타일에 적용되어 많은 사랑을 받고 있습니다. 메탈이 주는 반짝이는 느낌과는 또 다른 가죽 로고의 느낌이 새로우면서도 아이코닉한 매력을 풍깁니다.

• Wearing Tips

셀린느 퀴르 트리옹프 오벌 펄스는 단연 탄 컬러가 가장 셀린느스럽습니다. 청 재킷처럼 데님 류와도 정말 잘 어울리고 블랙 원피스, 트렌치코트 등 다양한 옷에 잘 어울리기 때문에 일상용 가방으로 활용하기 좋습니다. 스트랩은 길이 조절이 가능하며 꽤 짧게도 조절이 되기 때문에 체구가 작은 사람들도 알맞은 길이로 사용할 수 있습니다.

Yulluv's Comment

"출시되자마자 열풍을 주도하고 있는
트렌디 중심에 있는 가방"

셀린느의 새로운 시그니처인 퀴르 트리옹프 라인은 시그니처답게 매 시즌마다 새로운 스타일을 선보이고 있습니다. 오벌 펄스 가방이 너무 작게 느껴진다면 가로가 20cm로 더 큰 오벌 백을 보는 것도 좋습니다. 그렇지만 가격이 거의 100만 원 정도 차이나기 때문에 수납보다는 디자인이라고 생각한다면 오벌 펄스를 더 추천합니다. 퀴르 트리옹프 폴코, 베사체, 버킷 등 다양한 디자인이 있기 때문에 취향에 따라 고를 수 있는 범위가 정말 넓습니다.

뱀부 1947
미니 탑 핸들 백

Bamboo 1947 Mini Top Handle bag

- 사이즈 17x12x7.5   - 소재 카프 스킨

1940년대부터 구찌 하우스 컬렉션에 등장하며 구찌의 기원을 상징해온 뱀부 1947 미니 탑 핸들 백입니다. 약 80년이 지난 지금, 살짝 광이 도는 레더 소재에 귀여운 반달 형태의 디자인으로 현대적이고 미니멀리즘한 감성을 자아냅니다. 탑 핸들의 크기가 거의 가방과 비슷할 정도로 작은데, 그만큼 미니 백 취향러들의 마음을 저격할 수 있는 앙증맞은 매력이지요.

★ Yulluv-Star

수납력 ★★☆☆☆	가로 17cm, 높이 12cm로 작은 사이즈인 만큼 수납은 기대하지 않는 편이 좋습니다. 파우더, 립스틱, 이어폰 정도의 수납이 가능하며 휴대폰은 접히는 휴대폰만 수납이 되는 크기입니다.
가벼움 ★★★☆☆	전체적으로 탄탄한 카프 스킨으로 되어 있고, 뱀부 포인트까지 있어서 무게는 사이즈 대비 묵직합니다. 다만 워낙 크기 자체가 작다 보니 매일 들기에 무거울 정도는 아닙니다.
관리 ★★★★☆	은은하게 광이 도는 카프 스킨으로 그레이니 카프 스킨만큼 내구성이 좋지는 않지만 스크래치가 은근히 잘 나지 않는 소재입니다. 또한 매우 탄탄하게 제작되어 모양 무너짐이 절대 없을 가방입니다.

● Item Story

뱀부 백은 1947 라인으로 다시 부활한 이후에 40가지가 넘는 다양한 라인으로 출시되는 시그니처입니다. 뱀부 백은 처음 제2차 세계대전 전후 가죽과 금속의 소재가 부족해 대나무를 이용해 제작하게 된 것이 시작이었습니다. 이후 구찌를 상징하는 아이코닉한 요소로 다양한 패션 아이템에 활용되고 있습니다.

● Wearing Tips

다양한 스타일로 활용할 수 있다는 장점이 있습니다. 일단 대나무 뱀부 탑 핸들을 이용해서 탑 핸들 백으로 사용할 수 있습니다. 그다음 얇은 가죽 스트랩을 활용해 깔끔한 크로스 백으로 연출할 수 있습니다. 마지막이 포인트인데, 1947 뱀부 백에는 기본 스트랩 외에 굵은 웹 스트라이프 위빙 스트랩이 함께 있는 것이 특징입니다. 해당 스트랩을 이용해 더 캐주얼하고 스포티한 느낌을 연출할 수 있습니다.

Yulluv's Comment

"클래식함과 귀여움이 공존하는 오묘한 매력을 느낄 수 있는 가방"

뱀부 백은 구찌의 역사 깊은 뱀부를 현대적으로 재해석한 가방입니다. 이전 스타일에 비해 귀여움과 젊은 무드가 더해진 것이 특징입니다. 기존 뱀부 백들은 우아하고 고급스러움을 많이 느낄 수 있었다면 1947 뱀부 백 탑 핸들은 앙증맞고 상큼하고 귀여움이 더 많이 느껴집니다. 컬러도 기본 검정색, 아이보리 색 외에 핑크, 오렌지, 스카이 블루 등 다양하게 출시되어 색감 있는 가방을 찾는 사람들에게도 추천합니다.

미니 부아뜨
샤포

Mini Boite Chapeau

- 사이즈 13x12x6.5　- 소재 모노그램 리버스 코팅 캔버스

기존 부아뜨 샤포 백의 아이코닉함을 그대로 담고 있는 미니 부아뜨 샤포입니다. 샤포는 프랑스어로 '모자'라는 뜻인데, 모자를 담는 가방에서 영감을 받아 만들어진 둥글고 탄탄한 소재의 가방입니다. 트렁크 백을 연상케 하는 가공으로 바디가 탄탄하며 모노그램 캔버스, 모노그램 리버스 캔버스 두 가지 소재로 출시되고 있습니다. 가죽 네임 택과 내부의 말타쥬 퀼팅 등 클래식한 루이비통의 디테일이 돋보이는 디자인입니다. 미니 백 취향러에게 특히 추천합니다.

★ Yulluv-Star

수납력 ★★☆☆☆	지름이 약 13cm정도 되는 원형의 미니 백입니다. 손바닥으로 쏙 가려지는 작은 크기이고 내부가 두 칸으로 나뉘어져 있어서 수납은 파우더, 립스틱 정도까지만 가능합니다.
가벼움 ★★★★☆	루이비통 특유의 탄탄한 트렁크 백 소재로 제작되었지만 크기가 작으니 무게가 가볍습니다. 물건도 많이 넣지 못하다 보니 실제로 사용할 때 더욱 가볍게 느껴집니다.
관리 ★★★★★	루이비통 특유의 코팅 캔버스를 소재로 써서 스크래치와 오염에 매우 강합니다. 미니 부아뜨 샤포 중 모노그램 캔버스 백은 가죽탭과 스트랩이 밝은 카우 하이드 가죽으로 되어 있어 관리가 조금 더 번거롭습니다. 관리를 생각한다면 모노그램 리버스 캔버스를 추천합니다.

● Item Story

니콜라 제스키에르는 과거와 현재를 함께 공존시키고자 루이비통의 아카이브에서 많은 영감을 얻는 디자이너 중 한 명입니다. 가방 안의 마름모꼴 모양 패턴은 루이비통의 아카이브에서 볼 수 있는 '트렁크 안감'입니다. 루이비통의 시그니처 패턴 중의 하나이지요. 이 마름모 모양의 패턴을 '말타쥬'라고 부릅니다. 루이비통 가방 자체의 패턴이나 신발의 안쪽, 아웃솔에서도 흔히 볼 수 있는 패턴입니다.

● Wearing Tips

위쪽에 작게 탑 핸들이 장식되어 있습니다. 매우 좁기 때문에 실제로 사용하는 용도보다는 디자인적인 디테일로 보는 것이 좋고, 평소에는 긴 스트랩을 이용해 크로스나 긴 숄더백으로 쓸 수 있습니다. 가방 자체가 작지만 포인트가 되기 때문에 깔끔한 트렌치 코트나 원피스, 캐주얼한 데님, 셔츠에 슬랙스 등 다양한 옷에 매치하기 좋습니다.

Yulluv's Comment

"스테디의 막내 사이즈로 작지만 꾸준히 사랑받는 가방"

부아뜨 샤포 라인은 미니 부아뜨 샤포 외에도 쁘띠뜨 부아뜨 샤포, 부아뜨 샤포 수플 PM, MM 등 디테일이 조금씩 다른 다양한 디자인으로 출시되고 있습니다. 아이코닉하고 귀여운 포인트 백을 찾는 미니 백 취향러들에게 꼭 추천합니다.

아워글라스
XS 탑 핸들 백

Women's Hourglass XS Handbag Crocodile Embossed

- 사이즈 18.8x13x7.9   - 소재 유광 복스 카프 스킨

발렌시아가 하우스의 새로운 도전이었던 아워글라스 백입니다. 독특한 곡선 형태에서 이름을 따왔습니다. 2019 FW 컬렉션에서 처음 출시되었으며 기존의 가방들과는 달리 바닥면이 바깥으로 향하는 곡선 형태가 특징입니다. 날렵하고 세련된 분위기를 많이 느낄 수 있고 탄탄한 바디, 견고한 핸들까지 발렌시아가의 새로운 정체성을 보여줍니다. 발렌시아가를 상징하는 B 로고를 활용했으며 미니 백 열풍에 힘입어 최근 가장 작은 사이즈인 엑스스몰(XS) 사이즈도 출시되었습니다.

★ Yulluv-Star

수납력	가로 사이즈가 미니 백 치고 꽤 넉넉한 가방입니다. 다만 아랫면이 곡선으로 되어 있어서 부피감 있는 물건의 수납보다는 일상적인 화장품, 이어폰, 지갑 등의 수납이 가능합니다.
★★★☆☆	
가벼움	워낙 단단하고 견고하게 제작된 가방이다 보니 무게가 가벼운 편은 아닙니다. 그렇지만 데일리로 활용하기에는 손색없는 무게감입니다.
★★★☆☆	
관리	발렌시아가의 복스 카프 스킨은 스크래치에 매우 강한 편입니다. 그렇지만 스무스하고 부드럽게 가공이 되어 있기 때문에 손톱이나 차 키 등 날카로운 부분들은 최대한 조심하는 것이 좋습니다.
★★★★☆	

● Item Story

발렌시아가의 '아워글라스(Hourglass)'는 바스트 웨이스트 코트의 잘록한 허리 모양에서 영감을 받았는데, 곡선 실루엣이 '모래시계'를 닮았다 하여 아워글라스라는 이름으로 탄생했습니다. 세련되고 도시적이며 깔끔한 실루엣의 가방으로, 유니크하고 캐주얼한 분위기가 대부분이었던 발렌시아가의 가방에 새로운 바람을 불러일으킨 라인입니다.

● Wearing Tips

앙증맞고 귀여운 사이즈로 기존 디자인의 시크함에 귀여운 매력까지 느낄 수 있는 가방입니다. 탑 핸들이 꽤 널찍해 팔에 끼워 사용할 수 있으며, 긴 스트랩은 탈부착이 가능하기 때문에 긴 크로스 백으로도 멜 수 있습니다. 탑 핸들로 들었을 때는 포멀한 분위기가 느껴지기 때문에 정장과도 잘 어울리고 크로스 백으로 메면 캐주얼한 무드가 극대화되어 다양한 룩에 활용할 수 있습니다.

Yulluv's Comment

"도시적인 세련미에 더해진 귀여움까지
완벽하게 조화로운 가방"

발렌시아가 아워글라스 탑 핸들 백은 스테디 라인으로, 다양한 컬러와 소재로 시즌마다 출시됩니다. 사이즈도 엑스스몰뿐만 아니라 스몰 그리고 거의 액세서리와 같은 마이크로 크기로도 나오기 때문에 원하는 분위기에 따라 선택할 수 있는 스타일의 폭이 매우 넓습니다.

30 몽테뉴
마이크로 백

Micro 30 Montaigne Bag

- 사이즈 15x11x4　- 소재 복스 카프 스킨

　디올의 첫 매장이 생긴 30 몽테뉴가의 이름을 따 만들어진 30 몽테뉴 백 라인은 꾸준하게 스테디 아이템으로 사랑받고 있습니다. 2019 FW 컬렉션을 통해 새롭게 공개되었으며, 깔끔하고 세련된 형태, 거기에 크리스찬 디올의 정체성이 담긴 로고 포인트까지 완벽한 조화를 이룹니다. 시즌마다 다양한 사이즈가 더해지며 최근에는 East-West, 손바닥만 한 마이크로 사이즈까지 출시되었습니다.

★ Yulluv-Star

수납력	
★★☆☆☆	15cm의 앙증맞은 가로 사이즈 가방인 만큼 수납은 정말 적게 되는 편입니다. 작은 화장품을 넣으면 가득 차기 때문에 수납을 기대하고 구매한다면 실망할 수 있습니다.
가벼움	
★★★★☆	기존 30몽테뉴 라인은 꽤 묵직한 무게감이 특징인데, 마이크로 사이즈는 크기가 워낙 작다 보니 무게감은 훨씬 더 가볍게 느껴지는 장점이 있습니다.
관리	
★★★☆☆	굉장히 스무스하게 가공된 복스 카프 스킨을 썼습니다. 스크래치가 났을 때 티가 잘 나는 편이라, 혹시 흠집이나 관리가 걱정된다면 몽테뉴 박스 백의 오블리크 자카드 소재 디자인을 추천합니다.

● Item Story

"반드시 몽테뉴가 30번지여야만 했습니다. 여기가 아닌 다른 곳에 정착할 생각은 없었습니다!"
크리스챤 디올은 몽테뉴가 30번지의 호텔 파티큘리에의 매력에 빠져들어 1946년 12월 15일 디올 하우스를 오픈했습니다. 이 건물은 위치, 적당한 비율, 신고전주의적 외관을 위해 엄선되어 우아하고 절제된 미를 나타냅니다. 이러한 역사적 의미를 담은 30 몽테뉴, 그 이름을 딴 라인이기에 더욱 의미가 깊지요.

● Wearing Tips

세련되고 정갈한, 도시적인 아름다움을 느낄 수 있는 디올의 시그니처 가방인 만큼 현대인들이 즐겨 입는 옷차림 대부분과 잘 어울리는 편입니다. 루즈핏 재킷에 대충 신은 듯한 부츠 코디에도 잘 어울리며, 깔끔한 정장, 결혼식 하객룩에도 이만큼 잘 어울리는 가방을 찾기 어려울 정도지요. 사이즈가 워낙 작다 보니 체구가 작은 사람들에게 특히 잘 어울리는 가방입니다.

Yulluv's Comment

"디올의 상징성을 그대로 담은 깔끔하고 멋스러운 가방"

30 몽테뉴 마이크로 백은 작고 귀여운 가방을 찾는다면 정말 눈을 떼기 어려울 만큼 매력적입니다. 세련미와 귀여움을 동시에 느낄 수 있고 디올의 아이코닉함도 그대로 담고 있어서 유행을 타지 않고 오랫동안 여기저기 매치하기 좋은 디자인입니다. 다만 너무 작은 사이즈가 고민된다면 옆면이 넓은 몽테뉴 박스 백이나 기본 사이즈의 30 몽테뉴 백을 추천합니다.

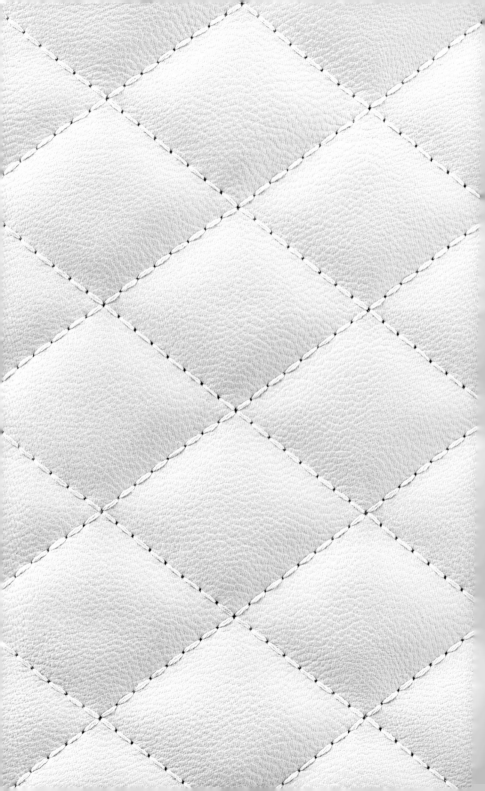

PART 3

실전!
명품백 구매 가이드

BUYING TIPS

가방 똑똑하게 사기! 어디서 사야 하나요?

무엇을 살지 결정한 뒤에는 이제 어디서 살지 고민이 시작됩니다.

간단하게 가성비만 따져서 살 수 있는 것이 아니기 때문에 더욱 어렵습니다.

백화점과 아웃렛은 뭐가 다른지,

오프라인과 온라인 구매는 무엇을 주의해야 할지 등

가방을 구매할 때 알아두면 좋을 정보를 소개합니다.

OFFLine

오프라인

백화점, 아웃렛, 면세점, 해외

오프라인에서 명품 가방을 구매할 수 있는 곳은 백화점, 아웃렛, 면세점, 해외로 크게 나눌 수 있습니다. 공통적인 장점은 첫째, 정품이 100% 보장되어 가품 걱정 없이 구매할 수 있다는 점입니다. 둘째, 실물 가방을 확인하고 직접 착용한 후 구매할 수 있어서 기대와 다르거나 마음에 들지 않는 상태의 상품을 받을 확률이 거의 없다는 점입니다.

백화점

백화점은 자체 A/S가 가능하다는 큰 장점이 있습니다. 구매자가 직접 명품 수선 업체를 찾지 않아도 됩니다. 본사로 제품을 보내 A/S 받아야 하는 경우에 특히 큰 장점이 될 수 있습니다.

대신 백화점은 가격이 가장 비싸다는 단점이 있지요. 가격 부담을 줄이기 위한 방법으로 백화점 내부에서 발행하는 상품권, 마일리지 등을 활용해보세요.

아웃렛

아웃렛은 국내와 국외로 나눌 수 있습니다. 국내와 국외 아웃렛의 공통점은 첫째, 백화점에 비해 시그니처 라인이 현저히 적습니다. 둘째, 시그니처 라인이 있더라도 검정색처럼 기본 색은 없을 확률이 높습니다. 셋째, 검정색이 있더라도 해당 색은 할인이 거의 되지 않는 경우가 많습니다. 같은 아웃렛 내에서도 브랜드별, 상품별 할인율이 천차만별이기 때문에 스테디셀러에 가까울수록 수요가 높아 할인율은 낮아진다고 보면 됩니다. 넷째, 백화점 매장에서 A/S는 불가합니다. 다만 월드워런티 브랜드의 경우 어디에서 구매했던 대부분 1~2년 동안은 매장 내 A/S가 가능하다는 특징이 있으니 참고하면 좋습니다. 아웃렛 입점 브랜드 중 월드워런티 브랜드는 대표적으로 구찌, 끌로에 등이 있습니다. 대신 제품에 원래 있던 하자가 아닌 이상 사용감 등에 대한 A/S는 대부분 유상으로 진행되거나 진행이 어려울 수 있다는 점도 참고하세요.

국내와 국외 아웃렛 구매의 차이점으로는, 유럽의 경우 국내에 비해 아웃렛에 들어오는 물건의 종류나 가짓수가 훨씬 많다는 점입니다. 아무래도 해당 브랜드가 생겨난 나라들인 만큼 신상품 들어오는 속도도 훨씬 빠른 편이지요.

면세점

면세점은 해외에 다녀올 때 들르는 곳인 만큼, 해외에서 사는 편이 좋은지 면세점에서 사는 편이 좋은지 고민될 때가 많습니다.

일단 면세점에서 할인을 받을 수 있는 방법은 면세점 선불카드를 이용하는 것입니다. 특정 금액 이상 결제했을 때 면세점에서 선불카드로 할인권을 발급해주기도 합니다. 특정 카드사와 면세점 간의 연계된 혜택으로 추가 할인이 되는 경우도 많기 때문에 이러한 혜택들을 잘 이용한다면 면세점 매장에서 꽤 많이 할인을 받고 구매할 수 있습니다. 이렇게 혜택을 잘 이용할 수 있다면 면세점에서 사야 가성비가 좋습니다. 특히 800달러가 넘지 않는 제품을 구매한다면, 구매 후 추가 관세를 내지 않아도 되기 때문에 할인을 많이 받으면서 쇼핑을 할 수 있습니다. 다만 관부가세의 경우 제품당 800달러 제한이 아니라 구매한 모든 제품을 합친 금액에서 800달러를 제외하는 것이기 때문에 쇼핑을 많이 한다면 이 부분을 꼭 참고하세요.

면세점의 교환 및 환불은 브랜드별로 가능한 곳도 있고 불가능한 곳도 있으니, 구매 예정인 매장에서 미리 확인해야 합니다. 또한 면세점도 아웃렛과 동일하게 백화점 매장 A/S는 불가합니다(샤넬, 루이비통 등 월드워런티 브랜드 제외).

해외

해외에서 사는 경우 면세점처럼 선불카드나 할인 혜택 등은 없지만 가격 자체가 대체적으로 낮다는 특징이 있습니다.

해외에서 쇼핑하면 좋은 지역 중 유럽, 영국, 미국, 괌, 홍콩을 비교해봤습니다. 유럽의 가장 큰 특징은 유로를 쓰는 국가(프랑스, 이탈리아, 스페인, 독일 등)에서는 모두 같은 가격으로 제품을 구매할 수 있다는 점입니다. 대신 국가별 택스리펀 비율이 다르기 때문에 여러 나라를 여행하며 명품을 구매할 예정이라면 비율을 고려하여 쇼핑 계획을 짜면 좋겠지요?

유럽은 대부분 명품 브랜드의 고향으로, 자국 브랜드이기 때문에 가격대가 가장 좋습니다.

영국은 파운드를 사용하는 국가인데, 환율 자체가 높은 편이지만 가격대는 생각보다 괜찮은 편이라 유럽과 비슷한 가격대로 구매할 수 있습니다.

미국은 대부분 택스리펀이 되지 않습니다. 환율이 좋지 않은 시기에는 오히려 국내 백화점보다 비싼 경우도 있기 때문에 미국에서 하는 명품 쇼핑은 크게 추천하지 않습니다.

괌과 홍콩은 지역 자체가 면세 지역이라 택스리펀을 받을 필요 없이 가격 자체가 면세 가격인 점이 특징입니다. 괌은 면세가 되기 때문에 미국에 비해 가격이 꽤 저렴한 편인데, 신혼여행으로 많이 가는 곳인 만큼 여행도 하고 쇼핑도 하는 일석이조를 누릴 수 있습니다.

홍콩은 쇼핑을 위해 가기도 하는 '쇼핑 도시'로도 유명합니다. 그런데 생각보다 가격 면에서 장점이 크지는 않습니다. 환율이 좋을 때를 기준으로 괌 정도의 가격대라고 보면 되고, 환율이 좋지 않을 때는 미국에서 구매하는 것과 비슷한 정도라고 할 수 있습니다.

OnLIne
온라인
공식 홈페이지, 병행수입, 직구

**공식
홈페이지**

공식 홈페이지의 경우 온라인계의 백화점이라고 할 수 있습니다. 가격 또한 백화점과 동일한 정가로 책정됩니다. 대신 백화점에 가는 수고로움을 덜 수 있고, 매장별 재고 등을 확인해 찾아가지 않아도 되기 때문에 생각보다 소비자들의 공식 홈페이지 구매에 대한 만족도가 높은 편입니다.

병행수입

병행수입의 경우 해외 현지에서 구매한 물건을 국내에서 재고로 가지고 있다가 판매하는 업체에서 구매하는 것을 말합니다. 병행수입은 가품 논란이 있을 수 있다는 점을 주의해야 합니다. 업체의 역사, 신뢰도, 그리고 실제 구매 후기 등을 꼼꼼하게 보고 믿을 만한 업체인지 확인하는 것이 중요합니다. 큰 병행수입 업체의 경우 가품일 때 보상 및 환불 제도 등을 마련해두기 때문에 이러한 제도를 확인하고 구매하면 좋습니다.

직구

직구는 직접 해외 사이트에서 구매하는 것을 의미합니다. 요즘은 이러한 직구가 가능하도록 만들어진 큰 사이트들도 많이 찾아볼 수 있습니다. 대부분 브랜드에서

글로벌 정책을 펼치는 만큼 생각보다 구매가 간편하다는 장점이 있습니다. 또한 해외에서 자체 할인을 할 때 혜택을 받으면서 구매할 수 있다는 점도 꽤 큰 장점입니다.

온라인으로 구매할 때에는 직접 착용하거나 제품의 상태를 확인 후 구매할 수 없기 때문에 반품 및 교환 여부를 꼼꼼하게 확인하고 구매해야 합니다!

GOD-SUNG-BI

명품에도 갓성비가 있다?!

대체적으로 명품 가방은 가격대가 높지만,

그 안에서도 '갓성비'라고 불리는 라인과 물건이 숨어 있기 마련입니다.

각 브랜드별로 100만 원 이하부터

100만 원대로 구매할 수 있는 숨은 가방들과

공통적인 특징에 대해 알아봅시다.

DIOR
디올

30 몽테뉴 나노 파우치 백
155만 원

사이즈 13.5 x 9.5 x 4cm의 아담한 사이즈의 파우치 백입니다. 디올 오블리크 자수와 앤틱한 체인의 조화가 클래식하면서도 귀여운 분위기를 풍기는 특징이 있지요. 30몽테뉴 백의 기본 라인이 500만 원대라고 생각하면 100만 원 중반대의 이 귀여운 아이템은 갓성비 가방이라고 할 수 있습니다.

레이디 디올 휴대폰 홀더 백
165만 원

사이즈 10.5 x 18 x 2.5cm의 얇고 긴 형태의 휴대폰 케이스 백입니다. 레이디 디올의 까나쥬 퀼팅이 돋보이는 디자인이며 탑 핸들, 그리고 긴 체인도 있기 때문에 두 가지로 활용이 가능합니다. 레이디 기본 라인은 700만 원대이지만 휴대폰 홀더 백은 160만 원대로 구매 가능합니다!

Louis Vuitton
루이비통

포쉐트 펠리시
190만 원

21 x 12 x 3cm의 시그니처 미니 백입니다. 사이즈는 작지만 내부에 지폐와 동전을 수납할 수 있는 사이드 주머니가 포함되었기 때문에 더 풍성한 활용이 가능합니다. 휴대폰이 수납 가능한 가방 중에서 가격대가 가장 괜찮은 가방입니다.

스피디 30
199만 원

30 x 21 x 17cm의 굉장히 넉넉한 사이즈의 가방입니다. 가격대가 낮은 가방들이 대부분 미니 백임을 감안했을 때 정말 실용적인 가방이라는 장점이 있습니다. 루이비통 시그니처 코팅 캔버스로 내구성도 강하기 때문에 천년만년 오랫동안 사용할 수 있는 가방입니다!

CELINE
셀린느

미니 베사체 백
185만 원

15 x 11 x 4cm의 아담한 사이즈의 새들 백입니다. 반달 형태로 귀여운 모양이 특징이며 트리옹프 로고는 금장으로 아이코닉하게 들어 있습니다. 트리옹프 로고가 들어간 라인의 가격대가 대체로 300만 원대부터 시작한다고 생각했을 때 굉장히 가성비가 좋은 가방입니다.

미니 아바 백
140만 원

16 x 8.5 x 4cm의 호보 백 스타일로 아바 백 열풍에 힘입어 출시된 미니 사이즈 아바 백입니다. 크기가 작아지면서 가격대가 80만 원 정도 낮아져서 수납보다 가벼움과 디자인을 중요시하는 사람에게는 더할 나위 없이 활용도가 좋은 가방이 될 것 같습니다.

Gucci
구찌

GG 마몽 미니 백
121만 원

10.5 x 17 x 5cm의 세로로 긴 휴대폰 케이스형 미니 백입니다. 시그니처 마몽 라인의 클래식함과 깔끔함, 그리고 앙증맞은 분위기를 느낄 수 있습니다. 휴대폰 수납 외에도 옆면이 두툼하기 때문에 립스틱 등의 수납까지 가능한 실용인 가방입니다.

오피디아 스몰 핸드백
149만 원

25 x 15 x 6.5cm의 넉넉한 사이즈 호보 백입니다. 기존 오피디아 라인들 자체가 가성비가 좋은 편이었지만 사이즈는 작았던 반면에, 이번에 신상으로 출시되며 크기와 가격, 디자인 모두 잡은 상품이라고 할 수 있습니다. 레트로한 분위기를 즐기는 사람이라면 추천합니다.

Saint Laurent

생로랑

엔벨로프 체인 지갑

175만 원

19 x 12.5 x 3.5cm의 얇고 컴팩트한 사이즈 가방입니다. 생로랑의 대표 시그니처 체인 지갑이며 쉐브론 퀼팅과 탄탄한 바디, 그리고 생로랑 카산드라 로고 포인트가 특징이에요. 시그니처 라인인 만큼 컬러와 소재도 다양하게 출시되고 있는 스테디셀러이면서 가격이 오르지 않은 유일한 가방이기도 하다는 점!

스트랩 모노그램 폰 홀더 백

97만 원

대부분의 폰 홀더 백이 세로로 긴 형태인 반면에 18 x 11 x 2.5cm의 가로가 긴 스타일의 폰 홀더 백입니다. 휴대폰이 딱 하나 들어가는 두께의 가방이며, 퀼팅 없이 깔끔한 디자인에 생로랑의 아이코닉함을 담고 있어서 100만 원 이하로 구매하기에 더할 나위 없이 좋은 아이템입니다.

Balenciaga

발렌시아가

미니 쇼핑백

145만 원

11.9 x 17.8 x 4.6cm의 세로형으로, 길고 앙증맞은 사이즈의 폰 케이스 백입니다. 수직으로 만나는 옅은 결이 있는 카프 스킨으로 스크래치에 강하고, 길이 조절이 가능한 크로스바디 스트랩으로 캐주얼한 스타일링이 가능합니다. 휴대폰 케이스 백이지만 옆면이 도톰한 편이라 작은 립스틱, 카드까지도 수납이 가능하다는 장점이 있습니다.

BB 모노그램 코팅 캔버스 아워글라스 체인 지갑

187만 원

18.8 x 12 x 4.8cm의 작고 컴팩트한 사이즈의 가방입니다. 시그니처 아워글라스 라인의 체인 지갑으로 내부에 카드 슬롯이 여섯 개나 있는, 지갑 겸 미니 크로스 백을 찾는 분이라면 충분히 만족할 수 있는 수납력을 가진 제품이에요.

Chloe
끌로에

우디 미니 토트백
98만 1,818원

20 x 14 x 4cm의 우디 미니 토트백은 시그니처 우디 라인에서 얇은 스트랩이 함께 달려 나온 신상 디자인입니다. 사이즈는 크지 않지만 휴대폰과 기타 생활용품이 꽤 편하게 수납 가능해 일상적인 데일리 백으로 손색이 없는, 가격, 디자인, 트렌디함 모두 갖춘 가방입니다.

마르씨 나노 새들 백
86만 8,182원

14 x11 x 6cm의 옆면이 꽤 두툼한 미니 라운드백입니다. 끌로에 특유의 부드러운 감성이 잘 느껴지는 백으로 100만 원 이하 귀여운 미니 백을 찾는 분에게 추천하는 스타일입니다. 옆면이 넓기 때문에 사이즈에 비해 화장품류의 수납이 잘 된다는 장점이 있어요.

LOEWE
로에베

스몰 바스켓 백
68만 원

33 x 17 x 13cm의 넉넉한 사이즈의 바스켓 백으로 로에베의 여름 시그니처 가방입니다. 수작업으로 직조한 클래식한 바디와 카프 스킨 탑 핸들, 로고 장식으로 고급스러움까지 느껴지는 잇템이에요. 여름에만 사용하게 된다는 점은 아쉽지만 그만큼 가격이 높지 않아 여름 멋쟁이가 되고 싶다면 갓성비 템으로 활용될 수 있어요.

다이스 포켓
110만 원

12.7 x 20.5 x 4.5cm의 세로로 긴 휴대폰 케이스형 신상 가방입니다. 로에베 특유의 부드럽고 고급스러운 카프 스킨이 잘 느껴지는 디자인이며 로에베 금장 로고 장식도 포인트로 있습니다. 대체로 가격대가 높은 로에베의 가죽 제품 중 100만 원 초반대로 구매할 수 있는 몇 없는 아이템 중 하나입니다.

Burberry
버버리

퀼팅 레더 마이크로 롤라 버킷 백
128만 원

16 x 20 x 4cm의 두께감 있는 세로형 버킷 백입니다. 사이즈는 작지만 아랫면이 두툼해 실용적인 수납을 할 수 있어요. 토마스 버버리(TB) 모노그램 로고가 시그니처로 장식되어 있으며 가볍게 착용하기 좋은 가방입니다.

호스페리 프린트 캔버스 레더 미니 노트 백
152만 원

21 x 12.5 x 4.5cm의 적당한 사이즈의 캔버스 크로스 백입니다. 캔버스 베이스에 버버리 특유의 브라운 컬러 트리밍이 들어가 클래식한 분위기를 풍기는 가방입니다. 호스페리 프린트로 트렌디한 느낌도 연출할 수 있는 잇템이에요.

Valentino
발렌티노

브이로고 시그니처 호보 백
148만 원

20 x 12 x 4cm의 반달 형태의 호보 백입니다. 가죽으로 마감한 브이로고(Vlogo) 디테일이 포인트이며, 핸들 길이를 연장할 수 있는 금속 장식이 달려 있어 두 가지 길이로 활용이 가능하다는 특징이 있습니다. 비교적 최근에 나온 라인임에도 가격대가 100만 원 중반 대라는 점!

락스터드 체인 파우치
139만 원

16 x 14 x 6cm의 작은 스퀘어 형태의 미니 백입니다. 중앙 지퍼 주머니로 분리된 두 개의 수납공간이 있으며 내부에 세 개의 카드 슬롯도 있어서 사이즈 대비 실용적인 활용이 가능합니다. 발렌티노를 대표하는 시그니처 가방 중 가장 가격대가 괜찮은 가방이라고 할 수 있습니다.

Bottega Veneta

보테가베네타

캔디 루프 카메라 백
179만 5,000원

13 x 8.5 x 6cm의 정말 아담한 사이즈의 신상입니다. 램 스킨 인트레치아토로 가볍고 부드러운 촉감이 특징입니다. 미니 루프 카메라 백이 289만 5,000원인 것과 비교하면 훨씬 부담 없는 가격대로 구매할 수 있어요.

카세트 미니 크로스바디 버킷 백
142만 원

수납과 무게, 그리고 가격까지 모두 갖춘 대표적인 갓성비 가방입니다. 14 x 9 x 9cm의 작은 사이즈이지만, 버킷 스타일에 밑면이 정사각형이라 굉장히 넓습니다. 파우치, 휴대폰, 차 키, 이어폰 등 생활 수납이 충분히 가능한 크기이며 무게도 가볍기 때문에 데일리 백으로 활용도가 높은 가방입니다.

PRADA

프라다

리에디션 리나일론 호보 백
155만 원

22 x 17 x 6cm로 호불호 갈리지 않는 적당한 사이즈에 깔끔하고 트렌디한 형태를 가지고 있는 호보 백입니다. 호보 백 열풍의 주역이기도 한 리나일론 호보 백은 가격대도 부담없이 접근하기 좋기 때문에 실용적이고 덜 부담스러운 명품백을 고민 중인 분에게 특히 추천합니다.

MIU MIU

미우미우

스피릿 마테라세 시레 미니 백
122만 원

18.5 x 14 x 10cm의 미니 백으로, 짧은 숄더형 고리를 사용해 호보 백 스타일로 착용할 수 있는 가방입니다. 우아하고 모던한 매력이 특징인 페던트 가죽이며, 아이코닉한 마틀라세 스티치 포인트가 있어 은은한 포인트 백으로 활용하기 좋습니다. 긴 스트랩이 있다면 걸어서 크로스 백으로도 사용할 수 있는 잇템입니다.

이렇게 각 브랜드별 갓성비 가방을 살펴봤는데요, 공통점이 느껴지셨나요? 일단 첫 번째, 사이즈입니다. 사이즈가 대부분 작은 편입니다. 아무래도 크기가 커질수록 자재와 디테일이 많이 들어갈 수밖에 없기 때문에 가격대도 높아지는 편입니다. 덜 부담스러운 가격대의 명품백을 찾는다면 미니 백 라인 중에서 찾아보면 생각보다 다양한 스타일을 발견할 수 있습니다.

두 번째, 소재입니다. 사이즈가 큰 가방 중에 간혹 100만 원대의 합리적인 가격대를 발견할 수 있습니다. 이 경우 대부분 소재가 캔버스이거나, 코팅 캔버스로 된 것이 많습니다. 아무래도 가죽보다는 소재 자체의 가격대가 낮다 보니 사이즈 대비 좋은 가격을 유지할 수 있게 됩니다.

그렇다면 여기서 잠깐! 마음에 드는 넉넉한 사이즈의 가방을 찾았는데 가격대가 부담스럽다면? 혹시 같은 디자인으로 코팅 캔버스나 캔버스 소재로 된 디자인은 없는지 찾아보면 됩니다! 특히 대부분 시그니처 라인은 다양한 소재로 출시가 되기 때문에 같은 디자인으로 더 낮은 가격대, 다른 소재의 가방을 발견하게 될 확률이 매우 높습니다.

new or STEADY

신상이냐 스테디냐, 그것이 문제로다

가방을 살 때 신상으로 나온 가방을 살지,
스테디셀러 가방을 살지 누구나 한 번쯤 고민해봤을 것입니다.
지금부터 각 구매의 장단점, 그리고
어떤 사람에게 어떤 가방을 추천하는지
간단하면서도 명료한 기준을 제시할게요.

new

신상을 선택했을 때 장점은 크게 두 가지가 있는데, 첫 번째는 희소성입니다. 최근에 출시된 가방이다 보니 비슷한 가방을 드는 사람이 많지 않아서 나만의 스타일링을 완성할 수 있다는 큰 장점이 있습니다.

두 번째는 트렌디함입니다. 신상의 경우 유명인이 착용한 모습을 많이 볼 수 있을 뿐 아니라 요즘 스타일에 잘 어울리는 새로움을 가진 것이 많습니다. 또한 명품 브랜드에서 특정 신상이 나오면, 다른 가방 브랜드들에서도 비슷한 스타일을 연이어 내놓기도 하니 인기가 더욱 높아질 확률이 있습니다. 이렇듯 신상을 구매할 경우 유행을 선도하는, 이름하여 '트렌드 세터'가 될 수 있다는 장점이 있지요.

단점으로는 신상 가방의 유행이 얼마나 갈지 아무도 모르고, 자칫 비싸게 주고 산 가방이 금방 단종될 수 있다는 점입니다. 몇 백만 원을 주고 구매한 가방이 오랫동안 사랑받길 원하는 마음은 누구나 같겠지요. 그렇기 때문에 단종이 되거나 유행이 빠르게 지날 경우 일명 '장롱 템'으로 직행할 수 있다는 위험 부담이 있습니다. 즉 신상 가방은 지금 이 순간 트렌디한 가방을 소유하고 싶은 사람, 그리고 남들과 같은 가방은 싫다고 생각하는 사람, 새로운 특징이 있는 시즌 백을 선호하는 사람들에게 추천합니다.

STEADY

반대로 스테디셀러의 장점 또한 두 가지가 있는데, 첫 번째는 오랜 역사입니다. 대대손손 물려줄 수 있을 만큼 긴 역사를 자랑한다는 점을 들 수 있습니다. 예를 들면, 루이비통의 알마 BB의 경우 출시된 지 약 90년이 된 가방이지만 디자인이 단종되거나 사람들의 기억 속에서 사라질 걱정은 하지 않아도 될 정도로 인기가 좋습니다. 유행 걱정 없이 충분히 사용하고 자녀에게 물려주기에도 좋으니 그만큼 가치가 느껴집니다.

두 번째는 호불호 없는 디자인입니다. 100여 년의 역사를 거치며 계속해서 꾸준히 사랑을 받은 가방인 만큼 연령대, 취향, 체형에 크게 구애받지 않고 누구에게나 잘 어울리지요. 그렇기 때문에 예물용이나 선물용으로는 특히 스테디 백을 많이 선호하는 편이며, 한 번 구매하면 다양하게 활용할 수 있다는 장점이 있습니다.

단점은 오랫동안 많은 사람들의 사랑을 받은 만큼, 결혼식장이나 중요한 자리에 들고 갔을 때 가방이 겹치는 경우를 심심치 않게 볼 수 있다는 점입니다. 나만의 스타일, 나만의 가방을 원하는 사람이라면 스테디셀러의 이런 단점이 꽤 크게 다가올 수 있습니다.

즉 스테디 백은 트렌디함보다는 클래식한 매력을 느끼는 사람, 유행 걱정 없이 오랫동안 가방을 사용하고 싶은 사람에게 추천합니다.

no more failure

두 번의 실패는 없다!
후회템 특징 파헤치기

가방을 1,000개 정도 사보니, 사고 나서 후회하게 되는 가방들은
몇몇 공통적인 특징이 있더라고요.
제가 미리 경험한 '내돈내산' 후회템의 특징을 알려드릴게요.
이런 가방은 피한다면 구매 성공률이 높아지겠죠?

1.

마지막 명품백- 이라는 생각에 무리한 지출은 NO!

처음 명품 가방을 살 때 특히 많이 하는 실수입니다. '나는 명품 가방 이거 하나만 살 거니까 가격도 무리해서 쓰고, 제대로 잘 골라봐야지!'라고 생각하는 사람이 많습니다. '이건 내 마지막 가방이 될 테니까 좀 무리해서라도 이 가방을 꼭 사야겠다'라는 마음은 꽤나 위험합니다. 5년 전쯤의 저를 떠올려보면 지금의 저와 좋아하는 음식점, 카페, 분위기, 색상까지도 다릅니다. 예를 들면, 예전에는 분홍색이 부담스럽다고 생각했지만, 요즘은 자꾸 눈에 들어오는 것처럼요.

브랜드를 예로 들면 고야드, 루이비통이 있습니다. 20대 중반까지는 외면했지만, 30대 초반이 되어서 갑자기 이 브랜드들이 눈에 들어오는 경우가 많을 것입니다. 특히 고야드는 디자인이 전혀 바뀌지 않았는데도 세월이 흐를수록 자꾸만 매력적으로 느껴진다는 사람들이 정말 많습니다. 그렇기 때문에 가방을 사는 그 순간의 내 취향에 지나치게 집착해 무리해서 결제할 필요가 없습니다. 취향은 언제든 바뀔 수 있고 그렇게 되면 '아 이 돈으로 차라리 두 개를 살걸' 하는 후회를 할 확률이 높습니다.

특히 예물 가방으로 샤넬 클래식을 산 사람들 중에 '이 돈으로 셀린느 하나, 디올 하나, 구찌 작은 가방 하나 살걸' 하고 후회하는 것을 간혹 봤습니다. 적당한 가격에 산 가방은 나중에 덜 쓰더라도 '가성비 좋게 사서 잘 썼다'라며 보내줄 수 있지만, 무리해서 산 가방은 바라보기만 해도 아쉬운 마음뿐일 테니까요.

2.

신상이 나왔대! 별 고민 없이 덥썩? NO!

요즘 명품 브랜드들이 신상을 만드는 속도에 깜짝깜짝 놀랍니다. 예전에는 SS, FW 시즌 위주로 제품이 나왔다면 요즘은 크루즈, 프리폴, 공방 컬렉션 등에 제품이 나옵니다. 심지어 2022년에 구찌에서는 추석 컬렉션도 나왔습니다. 경험상 수많은 신상들 사이에서 살아남는 제품은 30% 미만입니다. 지금 주마등처럼 스쳐가는 시즌백들만 해도 건물 오브제, 세계 명화 컬렉션 등인데, 아쉽게도 지금은 모두 찾아볼 수 없습니다. 물론 희소성 면에서는 사라진 가방들도 나만의 가방이 될 수 있지만, 오래오래 스테디셀러로 사랑을 받으면 더 좋으니까요. 그렇기 때문에 독특한 신상 가방은 한두 시즌은 기다려보고 구매하기를 권합니다.

3.

들기 불편-하거나 관리가 어려운 가방은 피하세요!

소재를 고려하지 않거나 들기 불편한 가방을 샀을 때, 3개월 정도 지나면 바로 후회가 밀려올 수 있습니다. 처음에는 '내가 조심히 들면 되지', '꼭 가방이 편해야 되나? 예쁘니까 괜찮아'라는 마음으로 지냅니다. 그렇지만 한 달, 두 달, 세 달이 지나서 살짝 콩깍지가 벗겨지고 가방이 익숙해질 때 가방이 불편하면 아쉬움이 들기 시작하지요. 편하게 들고 싶지만 그러자니 스크래치가 너무 많이 날 것 같고, 청바지에 이염이 될 것 같아서 옷도 신경 쓰입니다. 그럴수록 가방은 장롱과 서서히 가까워지지요.

이 실수를 줄일 수 있는 가장 좋은 방법은 매장에 직접 가서 가방을 보는 것입니다. 손이 많이 가는 버튼이나 플랩 부분 주위로 스크래치가 유독 많은 가방들이 있는데, 이런 가방은 바로 피하면 됩니다. '내 가방도 나중에 이렇게 되겠구나'라고 생각하고 내려놓으세요. 그리고 전시된 가방이 무너진 듯한 모습을 보인다면, 그 가방도 피해야 합니다. 이러한 가방은 내가 구매해서 보관할 때에도 그렇게 무너지기 쉽다는 말이기 때문이니까요. 명품 브랜드에서 가방을 막 보관하지 않을 텐데도 가방의 형태가 무너지거나 주름이 확 져 있다면, 이것은 사지 말라는 신호이겠지요?

관리가 어려운 소재로는 무광이면서 무늬가 없는 카프 스킨, 그리고 모서리가 뾰족뾰족한 디자인이 있습니다. 이러한 디자인의 가방을 구매할 예정이라면 필히 전시된 실제 상품을 보기를 강력히 추천합니다.

4.

팔랑 팔랑~ 주변의 여론에 휩쓸려서 가방 구매? NO!

충동구매에 대한 이야기입니다. 간혹 주변의 여론에 쉽게 동화되는 사람들이 있습니다. 내가 가방을 멨을 때 누군가 나에게 너무 잘 어울린다고 말하거나, 가방이 전국에 하나 남았다고 우연히 들었을 때, 바로 '실수 직행 버스'에 탑승하기 좋은 상태가 됩니다.

이렇게 주변의 추천에 의해 가방을 덥석 사면, 집에 와서 박스를 열어봤을 때 살짝 내 스타일이 아니라는 생각이 들면서 '다음에 들어야지' 하는 마음으로 다시 박스를 접어놓지요. 이렇게 시간이 흐르다 보면 어느새 가방은 장롱에만 있고, 다시 꺼내서 봤을 때도 마음에 썩 들지 않게 됩니다.

내 스스로 확 꽂히지 않은 가방은 아무리 전 세계 품절이고 옆에서 예쁘다고 해도 잘 들지 않게 됩니다. 이렇게 되면 가방을 산 것이 아니고 비싼 소품을 산 꼴이지요.

가방을 고를 때는 남들의 시선이나 말보다는 나의 취향, 나의 의견이 가장 중요합니다. 남들이 좀 안 예쁘다고 해도 내 눈에 예쁜 가방은 누구보다 잘 활용하게 된다는 점, 기억하세요!

5.
유행은 싫다! 나만의 유니크한 가방을 사려다 리스크 UP!

이번에는 반대의 경우입니다. 유행을 따라가기 싫고, 남들과 비슷한 것이 싫어 나만의 스타일을 찾고 싶어 하는 사람들이 꽤 많습니다. 이때 흔히 하는 실수가 조금 극단적인 가방을 찾는 경우입니다. 정말 특이한 시즌 백을 찾거나 세상 화려한 색상을 고를 수밖에 없습니다. 남들이 안 사려면 아무래도 좀 독특해야 하기 때문이지요.

물론 계속 만족하고 사용하면 아무 문제가 없습니다. 그런데 이런 가방들은 스타일링 제약도 많은 편이고, 쉽게 질린다는 단점이 있습니다. 그리고 너무 튀다 보니 매일 메기에 부담스러운 디자인일 확률도 높지요.

이렇듯 가방에 더 이상 손이 안 가게 되었을 때, 팔고 싶어집니다. 흔한 스테디 가방은 클래식한 스타일을 원하는 사람이 많아 되팔기도 쉬운 편입니다. 반면에 너무 독특한 가방은, 수요 자체가 많지 않고 나와 완벽히 같은 취향을 지닌 사람을 찾기도 어렵기 때문에 수요와 공급의 원리에 의해 내가 원하는 가격을 받기가 어렵게 됩니다. 나에게는 너무 소중한 가방인데, 그만큼 가치를 매겨주는 사람이 없다면 마음이 아프겠지요.

그렇다면 검은색 가방만 사야 하느냐? 그건 아닙니다. 색이 있는 가방 중에서도 질리지 않고 유용하게 사용하는 색상을 알려주겠습니다.
루이비통 앙프렝뜨 가죽의 화이트 컬러는 은은한 아이보리 컬러감이 들어 특별하면서도 클래식한 느낌을 줍니다. 지방시의 버건디, 보테가베네타의 그린과 퍼플 등 시그니처 컬러, 그리고 디올의 베이비핑크도 추천하는 색의 가방입니다. 이 가방들은 색감이 있으면서도 호불호가 갈리지 않고, 질리지 않게 오랫동안 쓸 수 있다는 장점이 있습니다.

6.

중요한 날
꼭 메야지!
평소
TPO와는
점점
멀어지나봐~

어떻게 보면 가장 흔히 하는 실수라고 할 수 있습니다. 바로 자신의 평소 옷차림과는 어울리지 않는 가방을 구매하는 경우입니다. 명품 가방이 가격대가 높아서 평소 스타일을 떠올려서 구매하기보다는 중요한 날을 위해 구매하는 경우가 많습니다. 게다가 가방을 사러 갈 때 평소보다 꾸미고 가는 경우가 많지요. 이 경우 당일에 가방을 매장에서 착용했을 때는 잘 어울린다고 느껴져서 구매를 합니다. 그런데 평소에 입는 옷을 입고 가방을 딱 메는 순간, 가방과 옷이 따로 노는 듯한 느낌을 받게 될 수 있습니다. 시간이 지날수록 후회는 크게 다가오지요. 이 가방을 들기 위해 갑자기 출근할 때 안 입던 정장을 입을 수도 없고, 중요한 날만 들자니 결혼식에 가 보면 비슷한 가방이 많아서 딜레마에 빠지지요.

이러한 실수를 방지하기 위해서는 명품 가방을 사러 갈 때 평소 가장 잘 입는 스타일로 입고 가기를 추천합니다. 만약 내가 좋아하는 스타일이 후드 티일 경우 너무 캐주얼해서 망설일 수 있는데, 후드 티에도 액세서리나 색감 있는 신발로 충분히 센스 있는 스타일링을 할 수 있습니다. 이렇게 평소 잘 입는 옷에 조금만 더 스타일링 해서 매장에 가면, 원하는 가방을 마음껏 들어보고 가장 잘 어울리는 스타일을 찾을 수 있습니다.

참조

- 《Fashion 전문 자료사전》, 패션전문자료사전 편찬위원회, 한국사전 연구사(1997)
- '1020 문화소비 키워드 '플렉스', 명품 패션시장 흔들다', <한국경제>, 2019.08.28.
- '명품 상륙 30년', <동아일보>, 2013.5.25.
- '명품 브랜드도 유행 탄다', <문화일보>, 2009.7.1.
- '명품시장 '큰손'된 1020세대 "아낀다고 부자 되는 거 아니잖아요"', <월간중앙> 1524호, 2020.3.9.
- '세계 브랜드 백과', 박정선 외 3인, 인터브랜드
- '정미화의 패션 스토리-시대별 소비 트렌드', <영남일보>, 2014.2.14.
- 고야드 공식 홈페이지 www.goyard.com
- 구찌 공식 홈페이지 www.gucci.com
- 끌로에 공식 홈페이지 www.chloe.com
- 디올 공식 홈페이지 www.dior.com
- 로에베 공식 홈페이지 www.loewe.com
- 루이비통 공식 홈페이지 louisvuitton.com
- 마르니 공식 홈페이지 www.marni.com
- 메종 마르지엘라 공식 홈페이지 www.maisonmargiela.com
- 미우미우 공식 홈페이지 www.miumiu.com
- 발렌티노 공식 홈페이지 www.valentino.com
- 버버리 공식 홈페이지 www.burberry.com
- 보테가베네타 공식 홈페이지 www.bottegaveneta.com
- 생로랑 공식 홈페이지www.ysl.com
- 샤넬 공식 홈페이지 www.chanel.com
- 셀린느 공식 홈페이지 www.celine.com
- 에르메스 공식 홈페이지 www.hermes.com
- 프라다 공식 홈페이지 www.prada.com

KI신서 10899
오늘 나에게 가방을 선물합니다

1판 1쇄 인쇄 2023년 4월 7일
1판 1쇄 발행 2023년 5월 10일

지은이 율럽(김율희)
펴낸이 김영곤
펴낸곳 (주)북이십일 21세기북스

콘텐츠개발본부 이사 정지은
인문기획팀장 양으녕
책임편집 이지연
디자인 엘리펀트스위밍
출판마케팅영업본부장 민안기
출판영업팀 최명열 김다운
마케팅1팀 배상현 한경화 김신우 강효원
e-커머스팀 장철용 권채영
제작팀 이영민 권경민

출판등록 2000년 5월 6일 제406-2003-061호
주소 (10881) 경기도 파주시 회동길 201 (문발동)
대표전화 031-955-2100 팩스 031-955-2151 이메일 book21@book21.co.kr

(주)북이십일 경계를 허무는 콘텐츠 리더
21세기북스 채널에서 도서 정보와 다양한 영상자료, 이벤트를 만나세요!
페이스북 facebook.com/jiinpill21 포스트 post.naver.com/21c_editors
인스타그램 instagram.com/jiinpill21 홈페이지 www.book21.com
유튜브 youtube.com/book21pub
당신의 일상을 빛내줄 탐나는 탐구 생활 <탐탐>
취미생활자들을 위한 유익한 정보를 만나보세요!

© 김율희, 2023
ISBN 978-89-509-4930-3 13590